环境设计
手绘表现技法

主　编　张　枞
副主编　郑　昱　喻良辉

河北大学出版社
·保定·

出 版 人：刘相美
责任编辑：张　磊
装帧设计：王占梅
责任校对：耿兆飞
责任印制：常　凯

图书在版编目（CIP）数据

环境设计手绘表现技法 / 张枞主编. -- 保定：河北大学出版社，2025. 1. -- ISBN 978-7-5666-2557-1

Ⅰ. TU-856

中国国家版本馆CIP数据核字第20253ZU017号

出版发行：河北大学出版社
地址：河北省保定市七一东路2666号　邮编：071000
电话：0312-5073003　0312-5073029
网址：www.hbdxcbs.com
邮箱：hbdxcbs818@163.com
经　　销：全国新华书店
印　　刷：保定市正大印刷有限公司
幅面尺寸：170 mm × 240 mm
字　　数：180 千字
印　　张：11.25
版　　次：2025 年 1 月第 1 版
印　　次：2025 年 1 月第 1 次印刷
书　　号：ISBN 978-7-5666-2557-1
定　　价：56.80 元

如发现印装质量问题，影响阅读，请与本社联系。
电话：0312-5073023

前言

在当今这个数字化日益普及的时代，手绘作为一种传统而富有生命力的表达方式，仍然在环境设计领域有着不可替代的位置。手绘不仅是设计师灵感的直接流露，更是创意构思与空间想象的直观展现。作为长期耕耘在教育一线的大学教师，笔者深感手绘技能对于培养学生创新思维与实践能力的重要性，因此精心编写了本书。

本书旨在为读者提供一个系统而全面的手绘学习路径，通过6个章节的系统讲解，逐步揭开手绘表现技法的神秘面纱。从手绘的基本概念与发展沿革出发，本书深入探讨了手绘表现的基本流程，包括构思草图、线性表达与色彩技巧等关键环节，帮助读者建立起对手绘的全面认识。同时，本书还详细介绍了各类手绘工具的使用方法与技巧，为读者提供了实用的工具选择指南。在线条表现技巧章节中，我们深入剖析了黑线笔、马克笔等常用工具的线条表现方法，通过详细的笔法解析与控笔技巧练习，帮助读者掌握线条的韵律与美感。此外，本书还特别关注了材质线条的表现，无论是室内还是室外的材质，都力求通过手绘精准传达其质感与特性。透视原理与绘制技巧是手绘表现中的核心内容，本书不仅详细阐述了透视的基本概念与分类，还通过构图选择与运用的讲解，引导读者理解如何在二维平面上创造出具有立体感和空间感的画面。单体要素透视原理与运用的实例分析，更是让读者能够直观感受到透视原理在手绘实践中的应用价值。马克笔上色表现技巧章节是本书的一大亮点，我们针对室内陈设要素与室外景观要素的上色方法进行了详细讲解，从家具、装饰到植物、天空，再到人物、山石与车辆等复杂元素的表现技巧，都力求做到深入浅出、易于掌握。同时，空间组合表现技巧的探讨也为读者提供了将单体要素融合成完整画面的有效方法。在第五章空间效果图步骤解析中，我们结合具体案例详细解析了室内空间、室外景观及设计快题的绘制步骤与注意事项，帮助读者将所学知识应用于实践之中。同时，我们还对常见的错误案例进行了分析点评，旨在帮助读者避免误区、提升绘制效率与质量。本书最后的作品赏析精选了一系列优秀的手绘作品进行展示，旨在拓宽读者的视野，激发创作灵感。

本书力求内容全面、系统、实用，既适合作为高等院校环境设计专业的教材，也可作为设计师自学手绘技法的参考书籍。本书的出版得到了汉口学院的大力支持与鼓励，衷心感谢汉口学院不仅提供了宝贵的教学改革建设经费资助，更创造了一个良好的学术氛围和创作环境。此外，还要特别感谢艺景手绘的汪建成先生及其他优秀大师们的宝贵资料。正是有了他们的精彩作品与深刻见解作为参考与启发，本书才得以更加充实与完善。这些大师们在行业内的卓越成就与深远影响也激励着我们不断前行、追求卓越。

真诚地希望这本书能够为读者带来实实在在的帮助，无论是初学者还是有一定基础的设计师，都能从中找到适合自己的学习方法和实践技巧。然而，我们也深知自己的学识和能力有限，书中难免存在不足之处，因此衷心期待广大读者和同行们的批评指正，您的每一条宝贵意见都将是我们不断进步的动力。

环境设计是一门永无止境的艺术，手绘则是这条艺术道路上不可或缺的重要伴侣。让我们以手绘为笔，以设计为墨，共同书写环境设计的美好未来。

编者

2024年10月

目录

第一章
了解手绘

手绘表现技法是一种不同于传统绘画艺术作品和工程技术绘制图纸的特殊表达手段，在创作过程中不受条件限制，交流方便，能够在图纸上进行反复推敲，快速修改，能够充分发挥手绘设计在方案创作中的优势。因此，掌握和学习好手绘表现技法符合快生活节奏下现代人的审美需求，具有时代特征，同时也适应当今设计公司在招聘时对应聘者的快速技能考核的重要评价标准。每次上课都不时会有学生问："老师，是手绘重要还是电脑重要呢？"其实，作为设计的辅助工具，两者并非对立，都不可偏废。手绘是创意的起点，能够迅速捕捉灵感、表达个性与情感，培养直观感知力和空间想象力，而电脑技术则以其高效、精确和多样化的表现能力著称，能够将手绘的创意转化为高质量的视觉效果，满足专业设计的需求。手绘是为了辅助思维的表达，从而高效地探索问题，在表达设计构思和捕捉设计灵感上有着无可比拟的优势。电脑制图虽然便捷，但缺乏灵气，设计出的作品可能会过于模式化，缺乏设计感和独创性。手绘可以在短短几分钟内，通过透视准确的黑白线稿，再着以色彩和材质表现，就灵活且有针对性地表现出空间效果。设计师通过手绘的表达，整理资料，记录灵感，一步步地将分析过程提取出来，最后通过各种图纸形式呈现设计思维意图，整个过程蕴含着设计价值的取向。因此，手绘表达是设计师必备的基本功之一，是创意过程中不可或缺的一环。

第一节　手绘的概念

手绘效果图带有鲜明的实用特质，既能表达个人风格，又能服务于实际工程投标项目。因此，手绘是结合了设计和绘画的一种综合艺术表现形式，是技术与艺术相结合的系统设计过程。手绘与纯绘画艺术，如油画、国画、版画等有所区别（见图1–1至图1–4），它不完全以艺术家的个人意识为中心，也不完全表达艺术家个人的思维方式和审美情趣，它是建立在甲方和受众需求的基础上，通过设计师的整体构思指导，图解出解决问题的方法、逻辑和具体手段，最终通过规范标准构建出设计图的直接反映，是对空间结构或景观环境的

图1-1 威尼斯总督府 / 克劳德·莫奈

图1-2 油画中建筑与环境的空间表现 / 凡·高

图1-3 千里江山图卷（局部）/ 王希孟

图1-4 颐和园（木刻版画）/ 黄永玉

综合具象表达，是客观现实中还不存在的意向图，具有一定的专业性和较强的艺术感染力。

第二节　手绘的发展沿革

从中国古典建筑发展的历史来看，并没有明确意义的“建筑表现图”。然而，工匠们的构思草图，以及最初的设计全景图，从某种角度上讲就是具有效果图意义的手绘表达。在中国传统的绘画里，与建筑画相关的内容丰富多彩，如河北省石家庄市平山县出土的战国时期的《中山王陵兆域图》就是以金线镶嵌在石板上形成的建筑画。汉代的画像砖、石刻艺术中都有许多建筑样式图形

（见图1–5、图1–6）。

中国人的透视理论一直蕴藏于文人画家的“寄情写意”技法之中，深深浅浅地留下“散点透视”的斑斑履痕的同时，一批描绘建筑环境的绘画应运而生，体现了我国古代的效果图表现技法进入了一个辉煌时期。宋代张择端所绘的《清明上河图》（见图1–7）十分详细地展现了当时的建筑形式和社会生活，生动描绘了北宋东京汴梁城繁华的市场建筑群，通过风俗画的形式表现了建筑与人的关系。明清时期的园林题材作品更是不胜枚举，这些作品在表达上以线为主，大都绘制在宣纸或绢上，呈现了独特的东方文化的表现风格。

图1–5 东汉凤阙画像砖

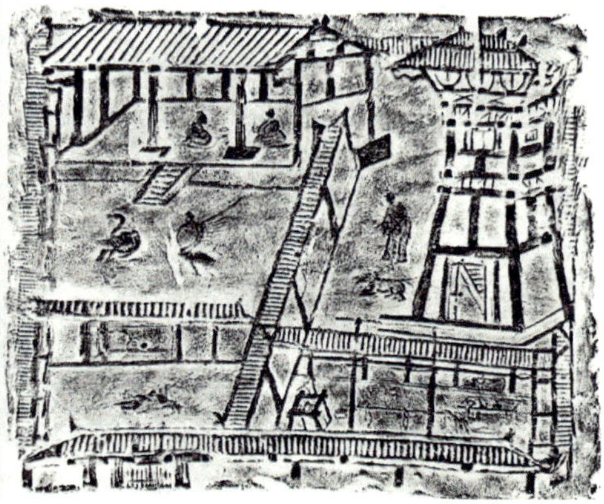

图1–6 汉代画像砖上的古蜀建筑布局

图1–7 清明上河图（局部）/ 张择端

在西方，古罗马的建筑大师维特鲁威在公元前1世纪时就曾提到过用绘画表现建筑形象的问题。而古希腊的哲学家阿纳萨格拉斯在公元前5世纪时也曾经阐释过透视现象，说明当时已经萌发了透视画法的想法。文艺复兴运动以后，欧洲才真正将透视作为一门科学知识来研究，透视才得以广泛地运用于建筑、绘画等视觉表现领域，并为人类做出了重大贡献。之后，英国、法国、德国等国的画家把透视学知识与绘画技法及建筑设计结合在一起，发展成为使用钢笔、铅笔和水彩等方法绘制地形画、建筑画、风景画等各类透视图的技法（见图1-8、图1-9），其中表现突出的有德拉克洛瓦、康斯太勃尔、波宁顿等一批大

图1-8 干草车 / 康斯太勃尔

图1-9 水彩建筑街景表现

师，大大拓宽了直观表现的环境设计效果图领域。由于建筑画在西方经历了几个世纪的发展，因此在文艺复兴运动前后，西方美术家与建筑家的划分并不十分明确，建筑师往往把设计与表现融为一体，因此曾产生了许多建筑装饰的绘画大师，如达·芬奇、米开朗琪罗、拉斐尔等都曾用素描设计表现过物体、建筑等（见图1-10）。西方的新建筑运动兴起后，出现了一批现代建筑师，他们

图1-10 法国亨利二世陵墓雕像的设计草图 / 米开朗琪罗

在职业创作中使建筑绘画逐渐脱离了纯美术绘画行列，开始步入工程设计领域，直接为工程设计服务，因而形成了一个独立的画种。现代美国著名建筑师弗兰克·劳埃德·赖特、勒·柯布西耶、密斯·凡·德·罗也都擅长以彩色铅笔表现建筑画（见图1-11、图1-12），在设计艺术创作的道路上，他们往往是遵循着从自然到绘画，再走向建筑的过程。

图1-11 流水别墅手稿 / 弗兰克·劳埃德·赖特

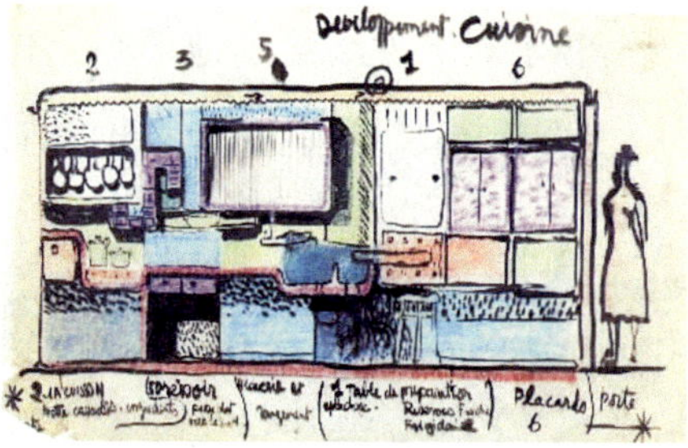

图1-12 勒·柯布西耶的手稿

第三节 手绘表现的基本流程

手绘是应用于各个行业中绘制方案的技术方法。设计类手绘，主要是指前期构思方案的研究型手绘和设计成果部分的表现型手绘，前期部分被称为草图或者设计手稿，成果部分被称为表现图或者效果图。手绘效果图是整个设计环节中重要的组成部分，为设计方案的确定和修改提供了最直观的依据，是设计师用来表达设计想法、传达设计理念的重要手段。在设计方案的过程中，手绘既是一种设计语言，又是设计的组成部分。例如，在室内外设计项目中，以建筑装饰设计工程为依据，通过手绘的技术手段，直观而形象地表达设计师的构思意图、设计目标的表现性绘画，是一种介于一般绘画和工程技术绘制之间的绘画形式（见图1-13）。作为建筑设计专业、环境设计专业，以及产品设计专业必修的专业课程，设计手绘效果图已经成为再设计、再创意的重要表现形式。

设计是一项非常专业的工作，设计师以自己超凡的艺术想象，结合严密的

图1-13 手绘效果图介于绘画与工程技术绘图之间

逻辑思维与视觉具象思维，借助各种丰富而专业的知识，构建起具体的设计方案。因此，一个优秀的设计师，除了要求有广博扎实的工程设计知识外，还必须掌握专业性很强的艺术绘画技法，只有这样才能绘制出具有设计创意、文化氛围及理想境界的效果图。因此，手绘表现已经成为设计交流和设计竞争的重要手段，效果图则承担着与外界沟通交流的媒介职责。要想学习好手绘表现技法，就需要掌握手绘表现的基本程序（见图1-19）。

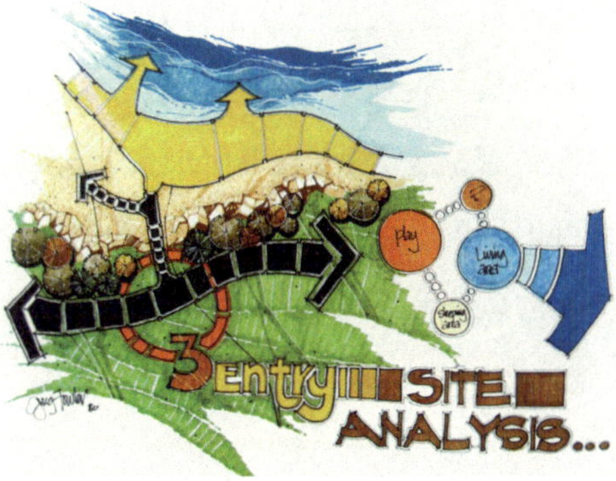

图1-14 功能分区分析平面图

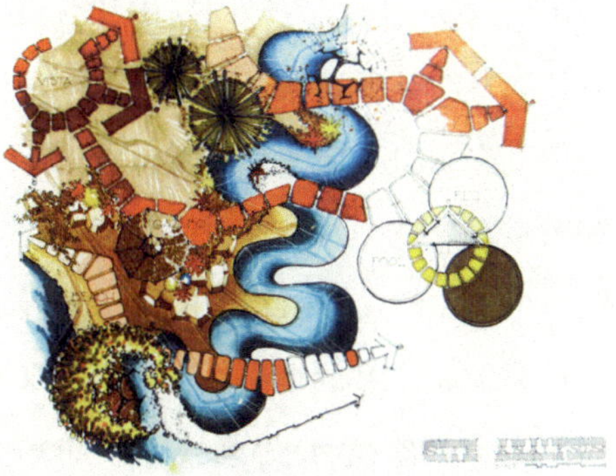

图1-15 具有强烈导向性的平面图

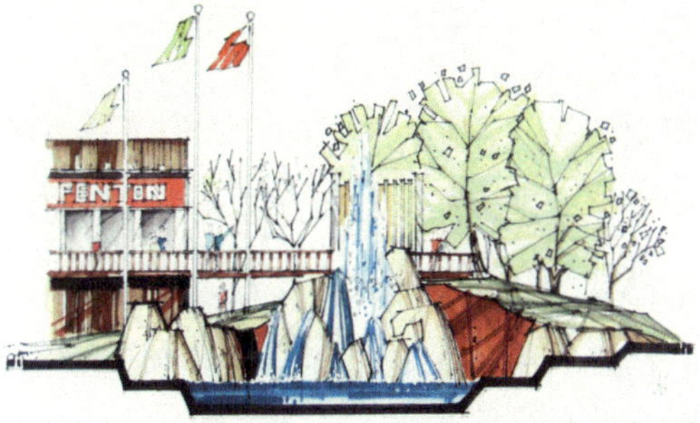

图1-16 表现出建筑、水景观与周围环境关系的立面图

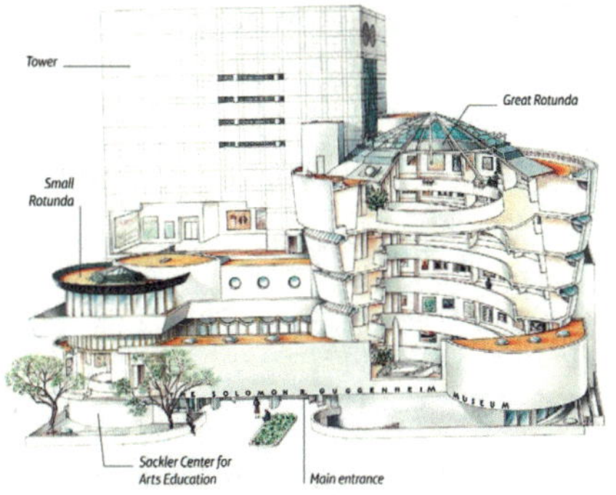

图1-17 古根海姆博物馆建筑组成示意图

图1-18 高层建筑立面表现 / 张枞

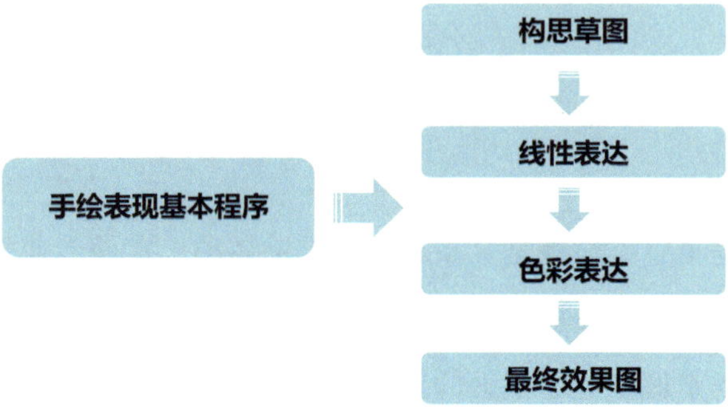

图1-19 手绘表现基本程序

掌握正确科学的绘制程序对手绘效果的提高有很大帮助，同时也可以提高绘图的速度和质量。绘制过程中要求设计师尽可能准确地呈现出设计意图，反映出构筑物、陈设等空间层次和材料的明暗色彩与肌理质感。设计效果图是对设计项目的客观表现，不能像绘画那样过多注重主观随意性和个人意识，也不能像工程制图那样谨小慎微，从而导致刻板呆滞，应表现出较高的客观真实性和艺术效果性。当然，手绘效果图也具有可识别度，如可以通过独特的色彩搭配、个性化的构图、线条的节奏等展现个人的风格和品位。手绘效果图表现能力贯穿于设计的全过程，包含了记录灵感、概念构思、细节推敲、沟通完善、再现设计成果（设计思维的启迪和表达）等。

一、构思草图阶段

构思草图（见图1-20、图1-21）以快速、概括、灵活的方式呈现作者对设计方案的初步感知，是设计过程中记录设计思维的一种快速表达，并且可以时刻提醒设计师，当出现一些因素干扰设计时，要注意保持构思最初的激情或思维逻辑性。构思草图不拘泥于细节和精度，而是注重快速捕捉和传达设计师的创意及灵感。通过构思草图，设计师可以将抽象的想法转化为具体的图像形式，为后续的手绘效果图创作提供基础和方向。

图1-20 快速构思草图表现

图1-21 快速方案草图表现 / 张枞

设计草图的勾勒酝酿是方案形成的关键，创意灵感的闪现多是在草图绘制过程中逐步明确下来的。设计师在设计的过程中，构思是至关重要的第一步，是集智慧、经验、手法、技巧于一体的重要表现形式，很多优秀的设计作品都起源于大师们灵感乍现的那一刻。一张高水平的草图，哪怕是寥寥几笔，也可以得到行家的认可。草图是设计过程中的基石，是充满激情的、粗略的、概念化的、非正式的图纸，它最清晰地展示了设计思考的过程，将创作构想快速显示，以便尽快与客户或团队成员进行沟通研讨，便于各方理解和讨论，并及时调整修改。设计史上许多经典的大师作品都是从概念草图开始的，这些草图记录着设计的过程和轨迹，以及情感体验（见图1-22至图1-27）。构思草图不

图1-22 罗森塔尔当代艺术中心手稿 / 扎哈·哈迪德

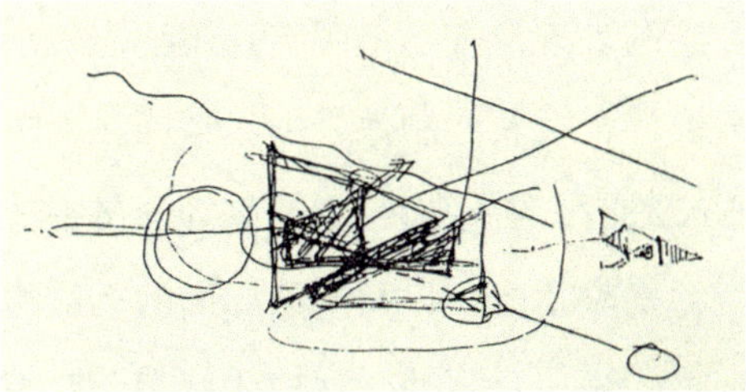

图1-23 贝聿铭设计华盛顿国家美术馆东馆平面概念性草图手稿

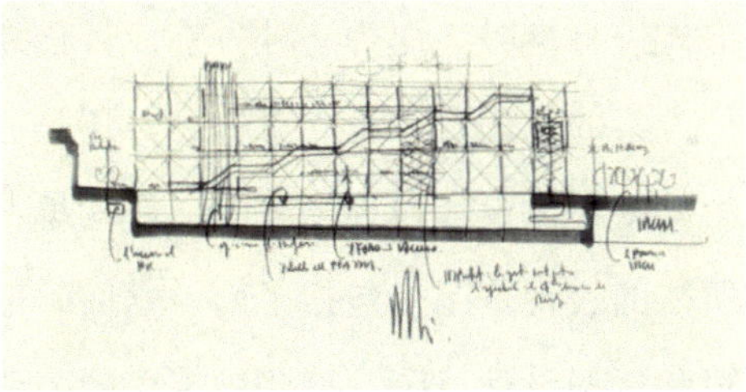

图1-24 蓬皮杜艺术中心手稿 / 皮亚诺

图1-25 张在元建筑空间概念图

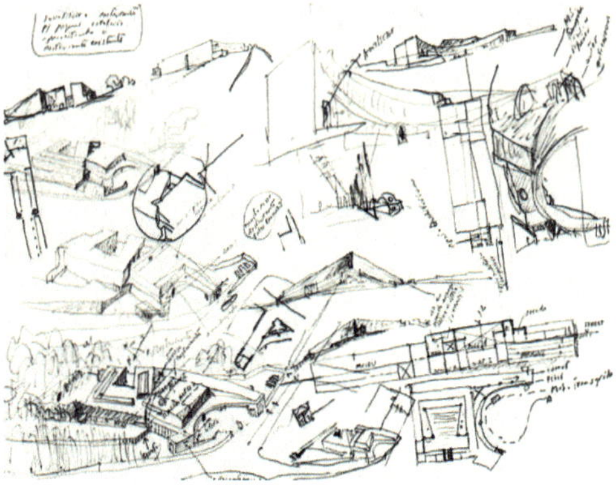

图1-26 Serralves Museum，Porto/阿尔瓦罗·西扎（1991年）

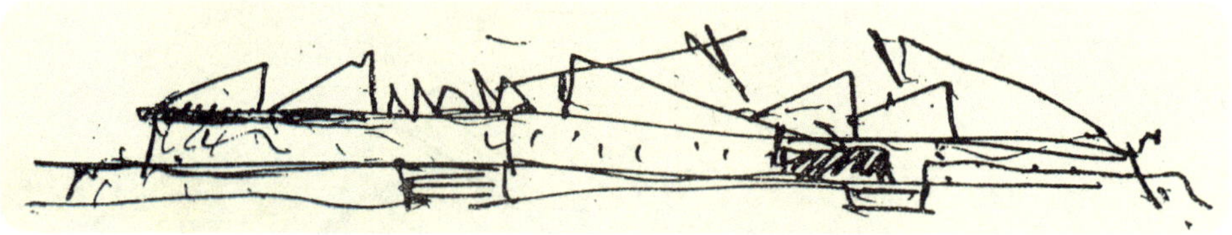

图1-27 黑川纪章创作熊本市立博物馆设计时的草图手稿

仅仅在设计领域中被使用，在电影创作里的分镜头运用中也会被使用（见图1-28、图1-29）。

构思草图表达能力的高低，取决于平日勤笔不辍的速写练习，以及对空间形象透视关系与功能的分析。我们经常看到许多学生盲目地进行绘图，边画边擦，在画面上涂改多遍，严重影响了画者的情绪和灵感的快速输出。更有些学生会觉得草图是多余的，直接就进入出图阶段，可最后反复修改，甚至修改不下去又从头开始。我们提倡的最好做法是，在进行前期设计工作时多用草图的方式进行推敲。作为一种具有设计创意的绘画表现形式，草图有直观地表达设计方案的作用，不论立意构思，还是方案设计，以及绘制效果图，都能在最短时间内提供设计目标和方向。在构思草图阶段时，常用钢笔、铅笔等画出一些所需的表现草图，包括平面、立面、剖面的推敲草图，以及空间界面的立体构思和造型设计草图。这些表现草图需要精练、快速且生动，这样才有利于对整体效果的进一步深化。

图1-28　徐克电影分镜头手稿

图1-29 《泰坦尼克号》的分镜手稿 / 詹姆斯·卡梅隆

二、线性表达阶段

线（见图1-30）是徒手表现的基本要素，只有通过大量的各种线条练习，才会熟能生巧。正确的运笔方式是画好线条的前提，徒手画握笔要自如，运笔要放松。一次一条线，切记小段反复描绘。过长的线可分段画，不宜搭接。宁可局部弯曲，但求整体大直。绘制不同长度的线条时，可以利用手指、手腕及肘和肩的运动，绘制出不同效果的线条（见图1-31、图1-32）。通常情况下，只通过运动手指控笔表现出来的线条长度极其有限，只通过运动手腕控笔表现出来的线条将会出现无法控制的弯曲。所以，选择正确的支点对表现线条至关重要。一般使用臂膀作为支点，即使是画短线，也以臂膀为支点，用臂力来画。当然，有时候也可以选择用小拇指作为支点，在纸上滑动。

不同的线条，如直线、曲线、横线、竖线等的组合和排列会产生不同的效果，即使是通过相同的线条组合排列，也能给人不同的肌理效果。由于线条的曲直、长短，以及方向和疏密不同的组合叠加，因而会有千变万化的形式和丰富的表现力。要想运用快捷、自信、果断而又准确的笔触获得令人赏心悦目的设计形象，就需要掌握徒手画的基本技法，并在简单的练习中花费大量的时

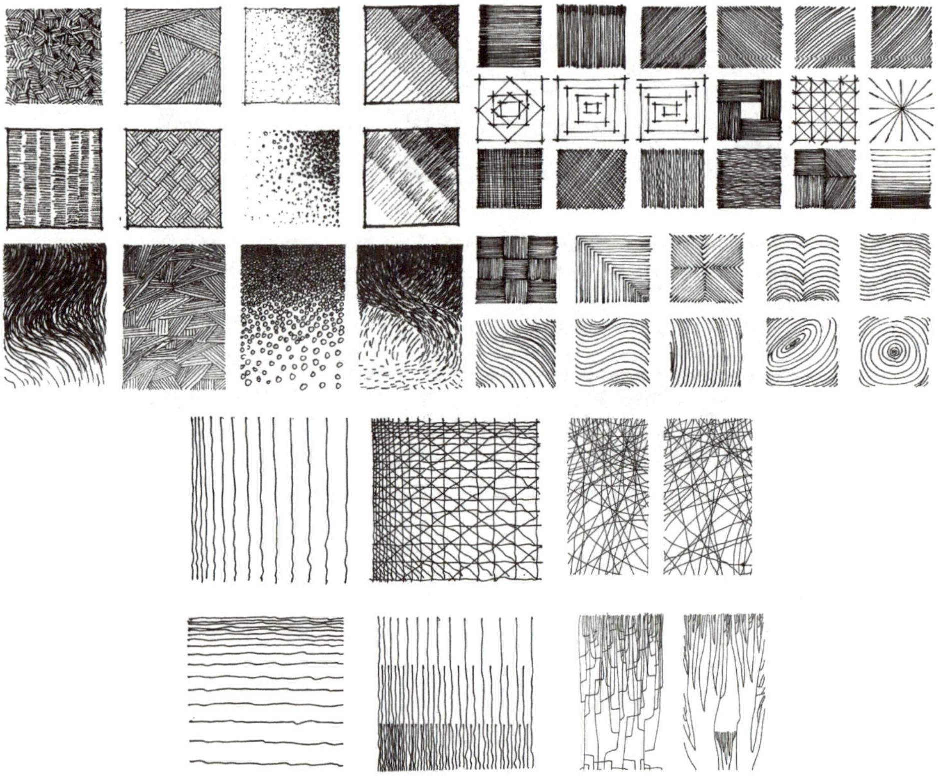

图1-30 不同线条的排列

图1-31　画线时不同的线取决于运用手的姿势

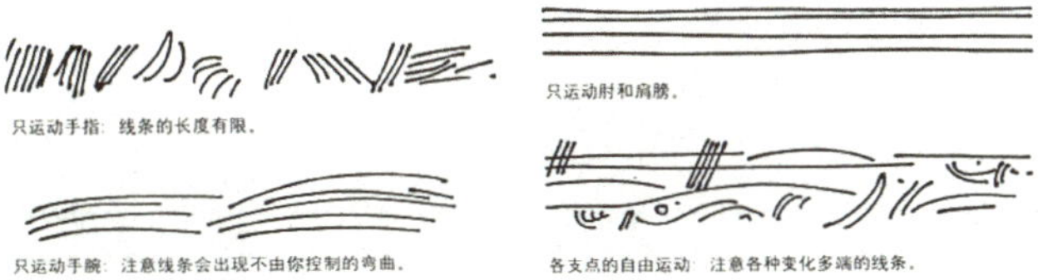

图1-32　画线时不同的线取决于运用手、手腕、肘的状态

间。用最简洁的线条，快捷地表达自己的设计构思与立意思想，把头脑中的设计形象转化为二维或者三维图形展示给他人，这种设计形象的转化与表达离不开手绘表现中各种线条的组合和各种几何形体的叠加，更需要对细节的处理（见图1-33、图1-34）。在没有计算机辅助设计（Computer Aided Design，CAD）等建筑制图软件的年代，建筑大师梁思成先生的手稿线条仿佛“行走的CAD”般用鸭嘴笔细心地做好每一张古建筑的工程制图，那些工程制图精美严谨，如艺术品般惊艳世人（见图1-35）。

图1-33　线的增加会改变画面的效果

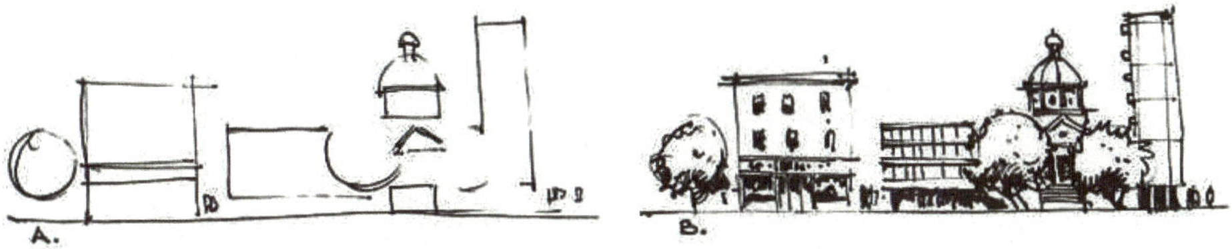

图1-34　线条叠加前后的对比

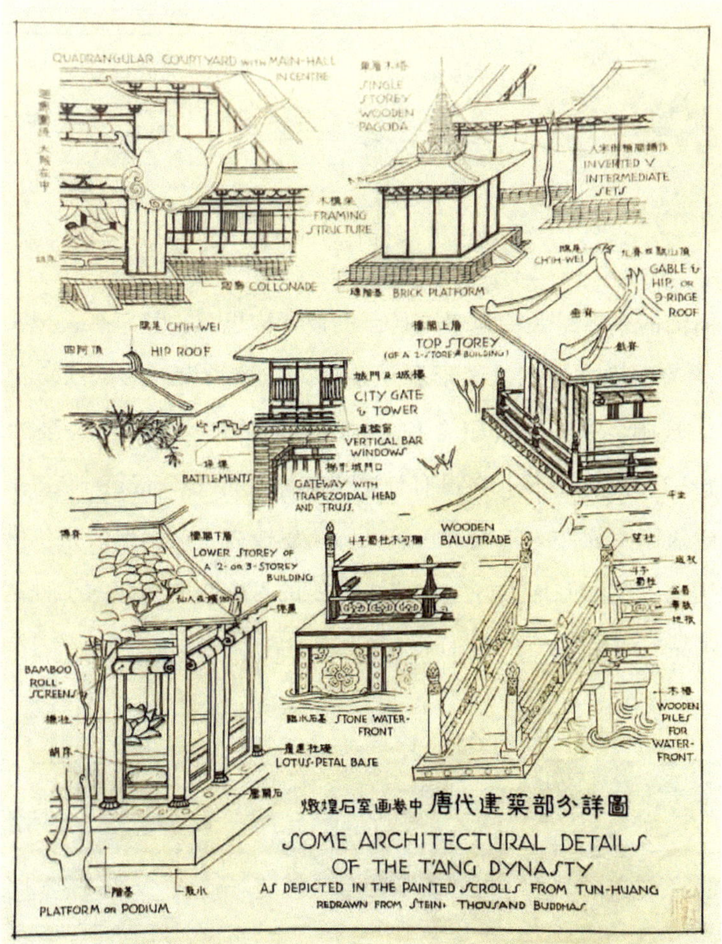

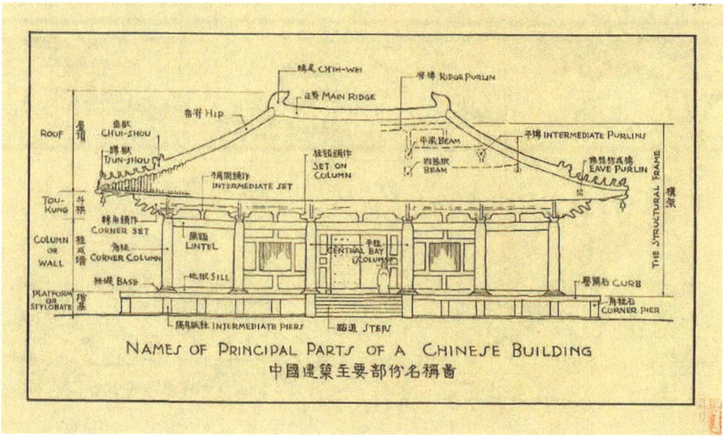

图1-35 梁思成建筑手稿

三、色彩表达阶段

色彩（见图1–36至图1–38）是光反射到人的眼睛中而产生的知觉。眼睛可以区分的颜色很多，只有科学地认识、应用色彩，才能获得较好的色彩效果。将色彩的特质进行系统分类，可分为色相、明度及饱和度等三个属性。

图1–36 加色混合

图1–37 十二色色相环

图1–38 立体色相环

（一）色相对比

对比最强的两个色相总是处在色相环的相反方向，如红和绿、黄和紫，这样的两个色即为补色。两个补色相邻时，虽然看起来色相不变但是饱和度增强，这种现象叫作补色对比。补色对比是最强烈的色相对比（见图1–39）。

图1–39 补色对比效果

（二）明度对比

明度不同的两个色相邻时，明度高的色看起来较为明亮，而明度低的色看起来较暗一些，看起来明度差异增大的现象叫作明度对比（见图1–40）。

图1–40 具有明度差异的明度对比

（三）饱和度对比

饱和度不同的两个色相邻时会相互影响，饱和度高的色显得更鲜艳，而饱和度低的色看起来更暗浊一些。被黑、白、灰包围的彩色，看起来饱和度更高（见图1–41）。

图1-41 饱和度对比

（四）冷暖对比

有的色彩使人感到温暖（暖色），有的色彩使人感到寒冷（冷色），这是由色相而产生的感觉，以其明度和饱和度的高低来调节冷暖程度。另外，白色冷，黑色暖，灰色为中性。同时，通过视觉对色彩的反映作用于人的心理感受，从而产生某种联想，引起感情方面的变化（见图1-42、图1-43）。

不同的色彩能营造不同的气氛和情调，从而让人产生不同的心理感受。例如，白色——明确、单纯、明朗；黑色——严肃、沉稳、凝重；灰色——中性、单调、均衡；红色——热烈、活力、注目；橙色——温和、快乐、甜美；绿色——安全、自然、和睦；紫色——典雅、神气、高贵；蓝色——寒冷、纯净、广阔。在表现空间氛围时也应结合色彩心理学去考虑。例如，大堂等开阔的公共、商业空间——清新、明快的色调；舞厅、酒吧等光线较暗的娱乐空间——深色、艳丽的色调；居室、客房等居住空间——中性、柔和的色调；办公空间——冷色、蓝色的灰色调；高档的餐厅空间——蓝色、紫色的

图1-42 不同的色彩对人的心理会产生不同影响

图1-43 不同光源对色彩的影响

冷色调；快餐店空间——橙色、黄色的暖色调。

所以，色彩的运用可以赋予整个画面一个色彩倾向，一般颜色的选择范围在二十四色环中的60度以内，这样做既可以统一色调，又可以明确其明暗关系。有时，为了统一整个画面的色调，配景的颜色也可不必拘泥于真实状态，如夏季时树木本是绿色，但为了统一画面色调则可以将其处理为其他颜色（见图1-44）。

图1-44　迈克·奥罗拉斯基在画树时为了画面统一色调，将树木处理为紫色系

在表现效果图中一般采用具有一定灰度或几种颜色混合而成的颜色，但混合的颜色数量不宜过多，否则会显得很脏，同时也不宜使用纯度和饱和度很高的鲜艳颜色，这与广告色彩有着鲜明的差异，即便有时为了点缀画面而用到这类颜色，也应该倾向于使用一种颜色且面积不宜过大，所以在整个上色过程中应该遵循相应步骤：第一，确定统一光源，定出画面色调；第二，按物体的明暗和主次关系进行空间上的排序；第三，局部光影的塑造；第四，调整画面，一般近景明暗对比最弱，中景最强，远景较弱。

第四节 手绘表现的工具介绍

一、线稿表现工具

在开始学习绘制手绘效果图之前，选择适合自己的工具很关键。对于初学者来说，大多用的是钢笔、铅笔、针管笔等，没有特定的限制，只要画出的是清晰线条，就可以作为表达工具，也不必追求价格高低，可根据个人的喜好或习惯选择使用。

（一）铅笔、炭笔

铅笔是手绘效果图表现中最基本的绘画工具，表现力十分丰富，可以使用橡皮进行修改，具有易于携带的优点。如果绘画者没有设计基础，铅笔可以用于前期的定框，作草图时简洁又富有表现力。铅笔手绘效果图表现的线条具有粗细、浓淡等变化的画面效果，能够表现出画面调子细腻丰富的变化，使画面生动（见图1-47至图1-50）。铅笔有硬性H系列和软性B系列之分，硬铅笔的笔芯较硬，会在画纸上留下较深的划痕。作设计表现图时，一般多使用2H至2B中性或偏软系列的铅笔。不建议使用笔芯太软的铅笔，因为擦除铅笔稿时容易弄脏画面。还可以依据作画者手感力度的不同进行选择，HB中性铅笔软硬适中，

图1-45 铅笔工具

图1-46 炭笔工具

图1-47 铅笔街景表现

图1-48 铅笔风景表现

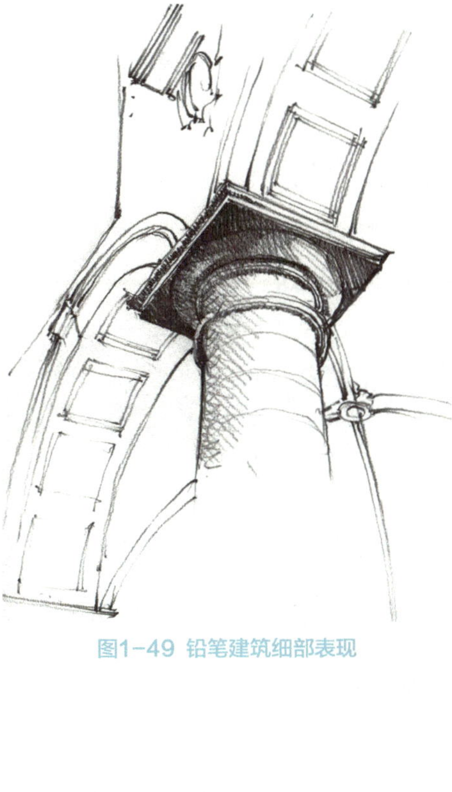

图1-49 铅笔建筑细部表现

图1-50 炭笔街景表现

可以用于起稿画透视，勾勒空间物体轮廓。炭笔的选用则无特别要求，但在使用时要注意尽量做到下笔肯定，线条流畅，同时注重利用笔的虚实关系来表现整体的空间感（见图1–51、图1–52）。

图1–51 炭笔技法可以表现出建筑材料的质感

图1–52 快速铅笔表现 / 张枞

（二）钢笔

钢笔适用于快速表现和设计师捕捉设计灵感过程时使用。在设计速写中，钢笔经常会被用到。钢笔分为普通钢笔和将笔尖加工成弯曲的美工钢笔（即书法钢笔），普通钢笔所绘制的线条强劲有力、纤细流畅，美工钢笔绘制的线条可粗可细、可急可缓，可以用笔头的宽面和笔尖来表现空间的点、线、面，从而产生丰富的变化。钢笔墨线清晰、肯定，表现干脆利落，视觉效果强烈，很容易打动观者（见图1–53）。

图1–53 钢笔建筑表现 / 陈新生

（三）针管笔、签字笔

针管笔又称为绘图笔，有一次性和灌墨水的两种。从品牌而言，以德国出品的红环针管笔系列和日本的樱花牌作图较佳。其中，0.05号最细，指的是该笔绘出来的线条为0.1毫米的宽度，针管笔常用的范围在0.05至0.8之间，而针管笔的型号可根据所要表现的内容和图幅尺度的要求进行选择。采用辅助工具绘制的针管笔技法具有规整、挺拔、干净、利落等特点，而徒手表现则可以产生自由、流畅、活泼、生动的效果。

签字笔因其高性价比而得到广泛使用，较适合初学者，如晨光签字笔等。新笔在使用一段时间后才能磨合出最佳状态，切勿用圆珠笔或中性笔代替。签字笔的画法以点、线、面的结合，通过黑、白、灰来表现建筑物及配景。

图1-54 针管笔、签字笔

尽管使用针管笔作画是单一的颜色，但画面的风格较为严谨，细部刻画很准确，有一种特殊的严谨气氛，利用线和线的排列组合、点与点的疏密来表现形体的明暗、虚实（见图1-55至图1-58）。

图1-55　建筑线稿表现

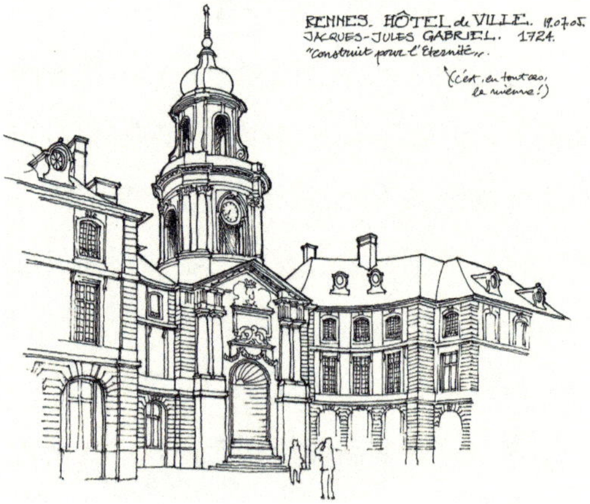

图1-56 线条的虚实处理突出建筑主体

图1-57 严谨线条的排列组合

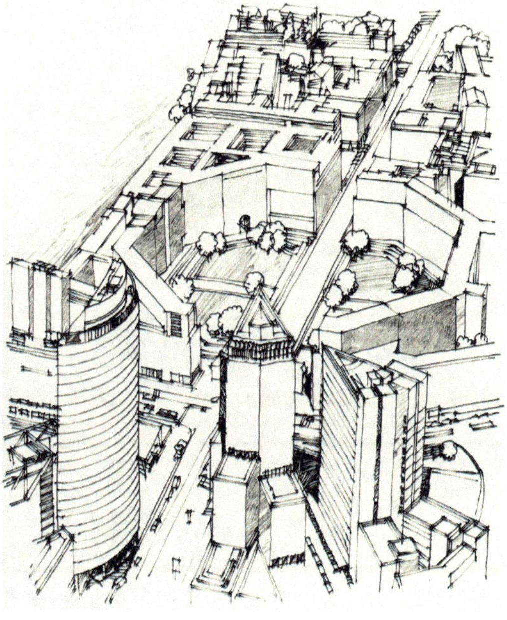

图1-58 城市鸟瞰针管笔表现图

（四）纸张

纸张的种类繁多，包括素描纸、绘图纸、硫酸纸、水彩纸、白卡纸等，不同的纸张其性能特点大不一样，应配合不同的绘制工具来表现。硬笔对纸张的适用范围很广，几乎所有纸张都能使用。质地比较粗糙耐磨的有水彩纸、布纹纸、牛皮纸等，其次是素描纸、绘图纸，其中最为光滑的要数铜版纸、卡纸和硫酸纸。纸张的质地越光滑，适用的笔类越少。因此，我们可以根据所要描绘的空间特性，以及材料的肌理质感来选择合适的纸张。在硫酸纸上作图，效果强烈，表现灵活，其常作为拷贝纸使用，作图过程中万一不小心画错，还可以用刮刀把错误的线条去掉，既方便又不影响整幅画的效果。复印纸相对以上几种纸来说，吸水性适中，价格相对便宜，所以大多数设计者或初学者都采用这类纸张来进行效果图的快速表现。在选择复印纸时，普通A4纸以大于80克为最佳，可以作为线稿用纸，加快运线速度。还有一种马克笔专用纸也使用得较多，纸质厚实、光挺，融色叠色效果好，防渗透，不易起毛。

二、上色表现工具

手绘上色表现工具比较丰富，有马克笔、水彩颜料、水粉颜料、色粉、油画棒、彩色铅笔及喷绘等。

（一）马克笔

马克笔是英文“Marker”的音译，意为记号笔。马克笔的笔头较粗，附着力强，不易涂改，它先是被广告设计者和平面设计者所使用，后来随着其颜色和品种的增加，也被广大室内设计者所选用。由于携带方便、使用简单且表现力

图1-59 马克笔

丰富，因此非常适合进行设计方案的及时快速交流，深受设计师们的欢迎，是现代设计师广泛使用的效果图表现工具。同时，马克笔也可以结合其他工具，如水彩、透明水色、彩色铅笔、喷笔等工具或与计算机后期处理相结合而形成更好的效果。

市面上的马克笔按性质可分为油性、酒精性、水性等三种，它们各具特点，建筑设计手绘常使用油性和水性两种。油性马克笔快干、耐水，而且耐光性相当好，颜色多次叠加也不会伤纸，十分柔和。酒精性马克笔速干、防水、环保，可在任何光滑表面书写，用于绘图、书写、记号、POP广告等。水性马克笔的墨水类似彩色笔，不含油精成分，色彩鲜亮，笔触界限清晰，缺点是多次叠加后颜色会变灰，而且容易损伤纸面。

目前，市场上较为畅销的品牌有德国的IMARK、美国的AD和桑福德、日本的COPIC及韩国的TOUCH等，建议初学者选用斯塔、凡迪、TOUCH五代、法卡勒等品牌。

马克笔表现技法（见图1-60、图1-61）的最大特点是方便、快速、色彩鲜艳，画面平整洁净，适合渲染气氛和情感表达。马克笔的颜色干得很快，很适合速写式的表现。马克笔所表现的效果体现了快节奏、生动流畅的时代特征，是一种商业化的快速表现技法。马克笔的色彩有可预知性，色泽不变，效果图

图1-60 马克笔室内空间表现 / 陈红卫

图1-61 马克笔表现 / 托马斯·王

没有干湿变化。色彩可重叠使用，但不要反复涂抹，上色以爽快干净为好。需要提醒的是，马克笔的颜料具有易挥发性，画完之后记着盖笔帽。

（二）色粉

色粉比一般的粉笔更细腻，颜色种类较多，大多偏浅、偏灰，适合与粗纸结合，用于地面、顶面、墙面等大面积的铺色和画面气氛的渲染，可以很好地表达出物体的固有色。色粉宜薄施，如厚涂则易落，画完须用固定剂喷罩画面，以便保存。色粉粉质的颗粒在纸面上具有一定的摩擦力，铺色粉后，马克笔的笔触更容易表现出来。

图1-62 色粉

色粉画（见图1–63）的作画过程灵活，可以随时修改和调整。如果画错了或者不满意，可以用干净的布或纸轻轻擦去再重新上色，这使得色粉画在创作过程中具有很高的容错性。同时，色粉画不需要借助油、水等媒介来调色，可以直接在画面上作画，如同使用铅笔一样方便。调色时只需将色粉之间互相融合即可得到理想的色彩，大大简化了作画过程。色粉画从效果来看，兼有油画和水彩的艺术效果，既具有油画的厚重感和立体感，又具有水彩的清新感和透明度，还可以运用退晕和叠加等技法来表现物体的光影变化和层次感。通过倾斜图板、趁湿加色等方法，可以形成渐弱或渐强的效果。通过逐层叠加色彩，可以取得同一色彩不同层面变化的效果。这些技法使得色粉画在表现复杂场景和细腻情感时具有很高的表现力。

图1–63 建筑的色粉表现

（三）水彩颜料

水彩颜料是一种以水为调和颜料的表现工具（见图1–64、图1–65），色彩淡雅，层次分明，结构表现清晰，是室内外表现图的传统技法之一，具有明快、湿润、清透、水色交融的材料特点及独特的艺术魅力，能够表现变换丰富的室内外场景。水彩画是国内外大师比较喜欢的一种绘画形式，是建筑画法中的传统技法表现。掌握水彩表现的关键，在于把握好它的用水，这是水彩画技法的灵魂。

图1-64 水彩颜料

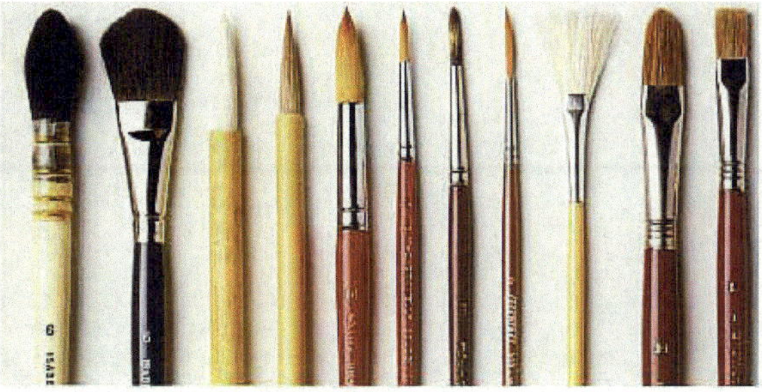

图1-65 水彩画笔

水彩颜料的色彩艳丽，具有透明性。水彩的色度、纯度与水的加入量有关，水越多，色度越浅，纯度越低，明度越高。相反，则色度增强，纯度增强，明度降低。由于水彩覆盖力较弱，深色可以覆盖浅色，但浅色却不能覆盖深色，所以水彩效果图一般是由浅到深作画。水彩画表现技法绘画性较强，适合表现室外的较大环境空间，如城市规划、住宅小区、公园景观、广场、建筑物等室外环境设计（见图1-66至图1-70）。室内的小型空间如果需要突出主体

图1-66 建筑水彩表现 / 阿尔伯特 · 基弗

图1-67 街景水彩效果图表现 / 托马斯·王

图1-68 建筑风景水彩表现 / 梅志雄

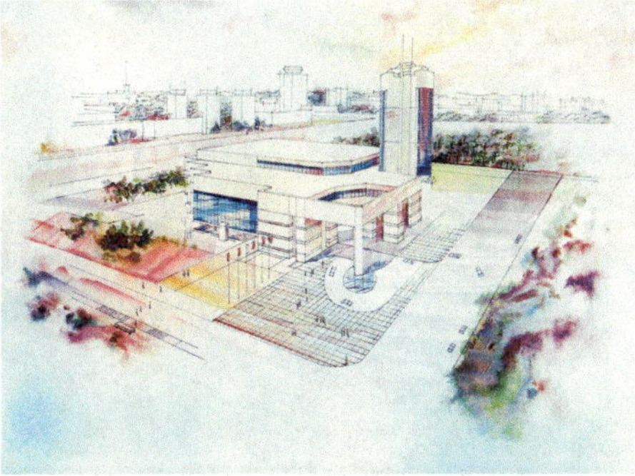

图1-69 城市规划鸟瞰图水彩表现 / 张枞

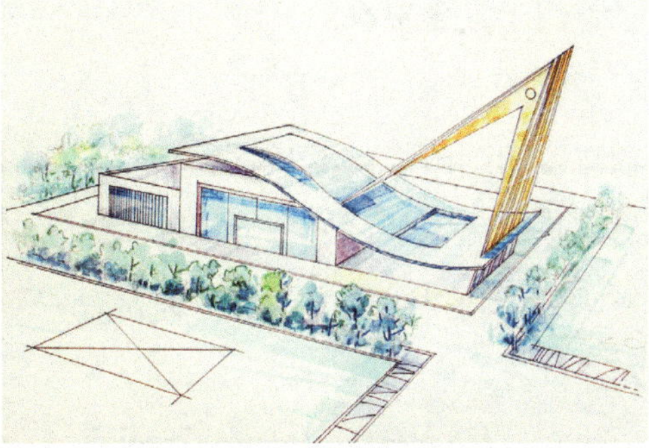

图1-70 建筑外观快速水彩表现 / 张枞

的设计时也可以使用水彩画表现，如餐区、卫生间的设计表现。由于水彩画的覆盖力较弱，所以调和的每一种颜色要稀淡一些，预先留出高光和亮面，还可以用白胶画出亮面部分，等画面干后再揭去。进行颜色的多遍渲染时，不可用厚颜色进行平涂，以防止画面出现闷、脏和乱的现象，最后用黑色或较重的颜色进行效果强化和细节刻画。使用水彩技法表现时，不论是湿画法还是干画法都应根据画面的需要来处理，不但要熟练运用其表现技法，还要符合表现图细致、精确的要求（见图1-71）。

图1-71 《圣·弗朗西斯大教堂》/ 吉姆和帕特·弗屈里斯收藏

（四）彩色铅笔

彩色铅笔是建筑画常用的作画工具之一，具有使用简单方便、色彩稳定、容易控制等优点，是初学者的最佳工具，常用来画建筑草图和平面、立面的彩色示意图，以及一些初步的建筑设计方案图。彩色铅笔在手绘中属于辅助工具，用于色彩层次的过渡，以及画面暗部反光的细节处理，一些精致花纹的刻画都离不开彩色铅笔。彩色铅笔的不足之处是色彩不够紧密，不易画得比较浓重且不宜大面积涂色。

彩色铅笔的品种很多，套装彩色铅笔一般选择四十八色或七十二色，包括油性和水溶性彩色铅笔。油性彩色铅笔的铅芯为蜡质，表面光滑而无法上色，容易“打滑”，适合搭配细纹的纸张表现人物、植物、动物、动漫等形式的绘画。相比之下，水溶性彩色铅笔是手绘效果表现中最常用、最普遍的表现工具。水溶性彩色铅笔颜色溶于水，既可以单独表现素描调子，也可以根据需要加水渲染形成质感的变化，产生水彩的韵味。彩色铅笔是与马克笔配合使用的工具之一，彩色铅笔主要用来刻画一些质地粗糙的物体，如岩石、木板，地毯等，可以弥补马克笔笔触单一、色彩层次变化相对较少的缺点，也可以很好地衔接马克笔笔触之间的空白，起到丰富画面的作用（见图1-73、图1-74）。在品牌选择方

图1-72 彩色铅笔

图1-73 彩色铅笔局部细节刻画

图1-74 彩色铅笔表现

面，辉柏嘉、施德楼、马可等品牌市场认可度较高，适合初学者及日常绘画练习，也能满足专业画家的创作需求。

彩色铅笔的上色，一般下笔都是从右上方45度角开始（见图1–75）。由于着力的不同，可自然表现出浓淡变化。由于彩色铅笔运用简便，表现快捷，也可作为色彩草图的首选工具（见图1–76）。彩色铅笔的混色主要是靠不同色彩的铅笔叠加混色，反复叠加可以画出丰富微妙的色彩。用色彩的重叠调和，展现不同色彩丰富的层次变化，体现逼真生动及淡雅透明的视觉效果，可以尝试体会不同色彩的层次感（见图1–77）。

图1–75 上色选择45度角渐变

图1–77 彩色铅笔的叠加运笔上色，丰富画面效果

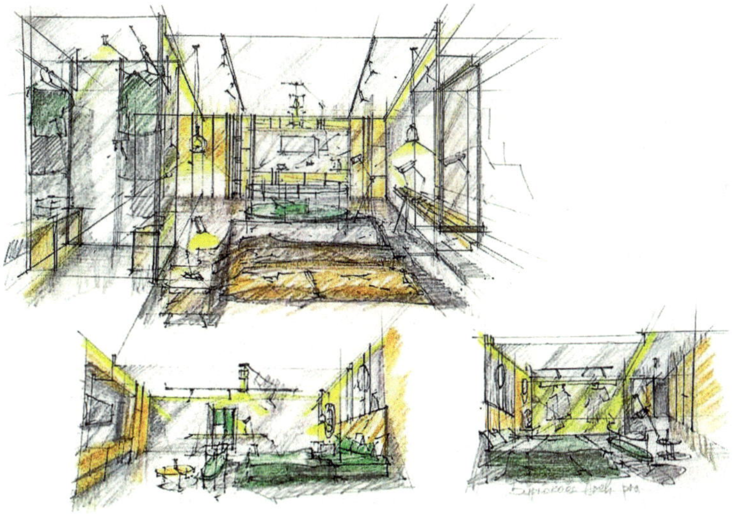

图1–76 彩色铅笔草图表现

三、其他工具

手绘表现的工具除了上面介绍的材料之外，还会用到一些其他工具，如自动铅笔、橡皮、平行尺、小刀、高光笔、绘画板、工具箱等（见图1-78），这里就不再做详细的介绍了。手绘表现的工具有很多，大家在挑选工具时应该选择适合自己的，熟练使用工具是学好手绘的第一步。

手绘效果图表现是专业设计师与非专业人员沟通最好的媒介，对设计思路的统一，以及设计方案的最终确定起到了重要作用。同时，手绘效果图在表现上能形成设计师独有的设计风格，展现出独特的空间氛围及创作构思。设计者选择不同的绘制工具材料及媒介载体所表现出的绘图效果大不一样，但不论使用何种工具和技法都需要设计者掌握相应的绘制基础来表达和说明自己的创意构思。因此，手绘效果图表现具有举足轻重的作用，作为艺术设计专业的基础课程其地位不容忽视。

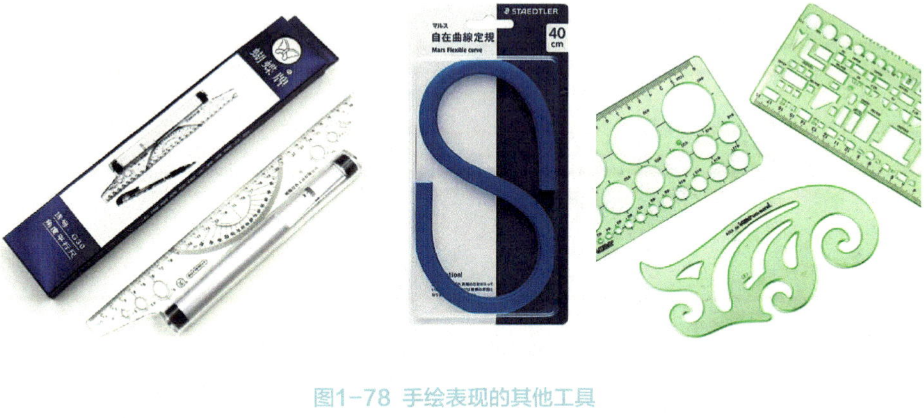

图1-78 手绘表现的其他工具

第二章
线条表现技巧

线条是绘画造型艺术中最重要的元素之一，也是手绘中最基础、最重要的部分。学习手绘的第一步就是练习线条，既可以徒手练习，也可以尺规练习。在绘画过程中，线是千变万化的，主要以铅笔、钢笔或绘图笔作为表现工具，如何表现出线条的美感是在练习过程中需要重点注意的问题。

第一节 黑线笔线条表现

一、线条的类型

（一）直线

绘制直线是最基本的线条练习，在画的时候要注意握笔的力度和运笔的速度，线条要均匀流畅（见图2-1），其关键在于起笔、行笔与收笔。徒手直线要求所表现的直不是视觉上的直，而是感觉上的直，有些学生在练习的开始阶段为了达到直的效果总是一上手就喜欢用直尺去画直线，这样往往起不到练习线条的作用，反而会对工具产生依赖，所以刚开始的时候应尽量徒手去画。

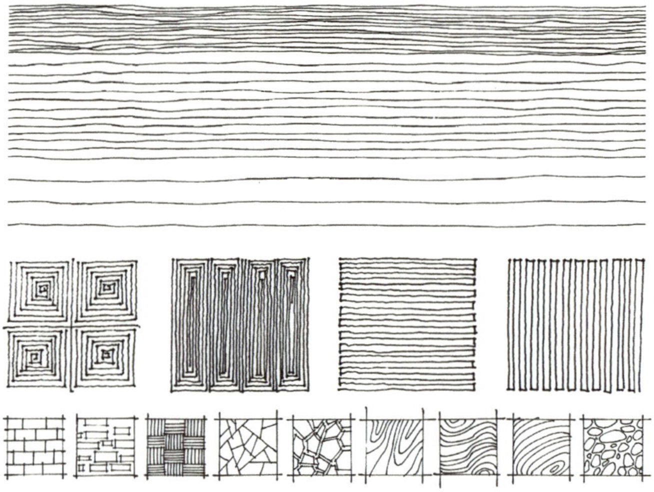

图2-1 直线的运笔和组合

直线分为快直线和慢直线（见图2–2）。

快直线的画法要诀是快、轻、稳，用笔肯定，干净利落。下笔前先打量好线条的起止位置和方向，手腕不能动，整个小臂必须一起动，不然画出的线条就是一条弧线。下笔前可以在纸面上对要画的距离和位置来回试探两下，找对感觉再下笔，头稍微重一些，行笔的过程要肯定，停笔后不要马上收笔，要稍微稳一下，然后提笔，也就是说起笔和收笔要稍作停顿，画出比较明显的起点和终点，做到有头有尾。

慢直线是一种带有思考性的线条画法，设计师在表现设计草图时通常采用这种画法。这种画法容易掌握，能控制线的方向，并且运笔时有时间思考线的走向和停留的位置。慢直线表现时要沉稳、气定，保持力度的均匀，线条尽可能拉长一些。

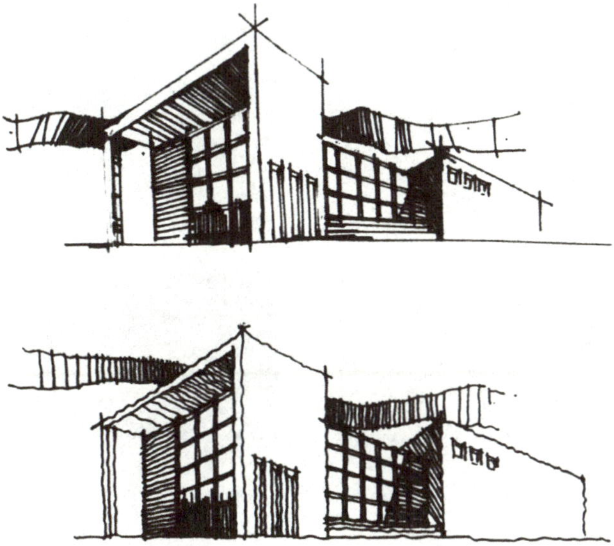

图2–2 同一画面快直线和慢直线的表现

（二）曲线

曲线（弧线）在设计草图表现中运用广泛，是非常灵活且富有动感的一种线条。在绘制曲线时要注意线条的流畅和圆润感，要灵活自如，表现出一种欢快、自由、活泼、随性和动感的感觉。画曲线时一定不要拘谨，要线随心动，手随心动。在透视图中绘制曲线时，要确保曲线符合透视规律，即远处的曲线应看起来更短、更扁平，以营造空间深度感。在曲线的转折处或特殊形状的部分，可以通过轻微的抖动或加粗线条来强调细节，增加画面的丰富性和真实感。但也要注意不要过度处理，以免破坏曲线的整体流畅性。

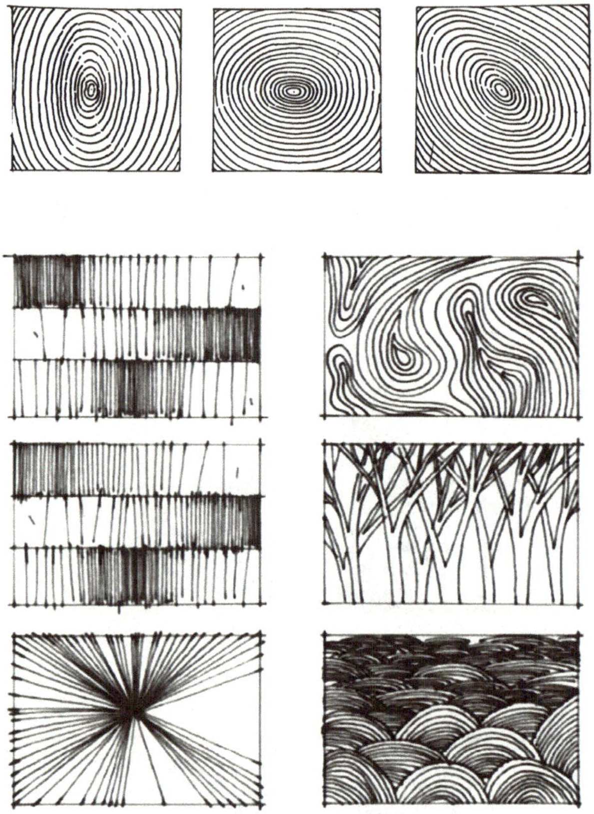

图2-3 曲线的运笔

（三）**交叉线**

两根线条在角处相互交叠，会使得所画对象更显方正、鲜明、完整。与两根线条恰好相接比起来，角处两根线的交叠可以使得绘制很迅速而且放松，形成的出头很容易造成大气磅礴的气势，从而自然形成画面的感染力和视觉冲击力。画交叉线时切忌线条交叉处不出头，会显得比较拘谨呆板，要在交叉点处依然保持流畅，不应出现断笔或突兀的连接。

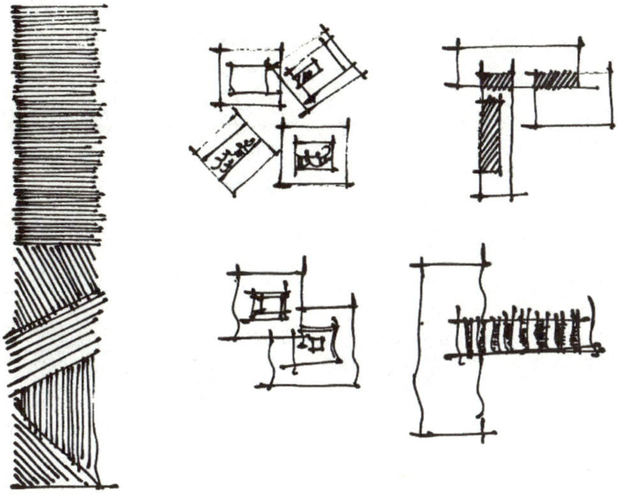

图2-4 交叉线条

（四）植物线

在画植物线时，要放松、随意地去勾画，注意每个角度都不要一样，要画出线条的变化，做到刚柔并济。植物线是所有线条中最难绘制的一种，常见的有以下几种（见图2-5）。

1.“几”字形线

线条用笔相对硬朗，常用于绘制前景树木的树冠外轮廓。

2.“m”字形线

线条用笔比较随意，常用于绘制远景植物。

3.“MW”字形线

线条用笔比较常见，常用于绘制平面树群。

4. 爆炸线

线条用笔要按树叶的肌理进行绘制，注意其连贯性与疏密性，常用于绘制前景收边树。

5. 骨牌线

形似倾倒的多米诺骨牌，多用于草地和有厚度材质的表现。在快速表现中需要有参差不齐的动态效果，运笔要快，初期练习时切忌连笔。

▲“WM”字形线

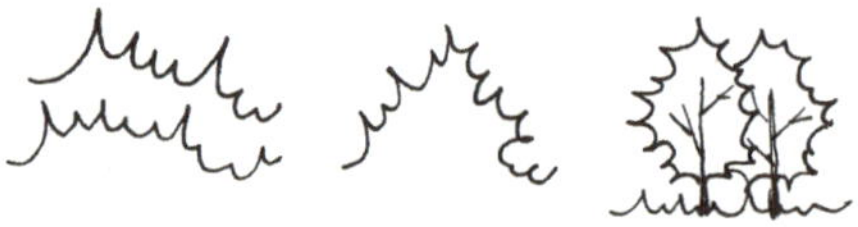

▲爆炸线

▲凹凸线

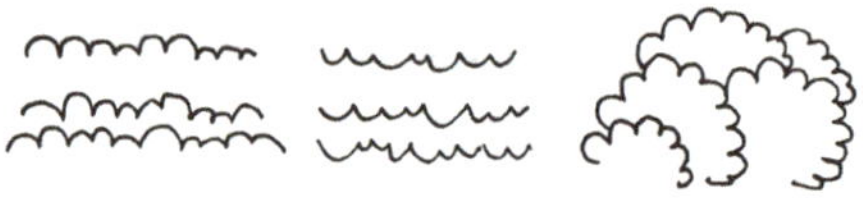

▲“m”字形线

▲骨牌线

▲叶线

图2-5 常用植物线

二、线条控笔技巧与练习

线条是一幅效果图的灵魂，一幅好的作品线条既要有表现力，又能准确地表达事物的结构和明暗关系。线条的应用要一气呵成，不能拘谨，正确的线条应该是流畅的，有韵律的表达，结构停顿清晰，转折具有力度。错误的线条往往出现顿挫与重复，用笔停顿不清晰，线条弯曲。

错误

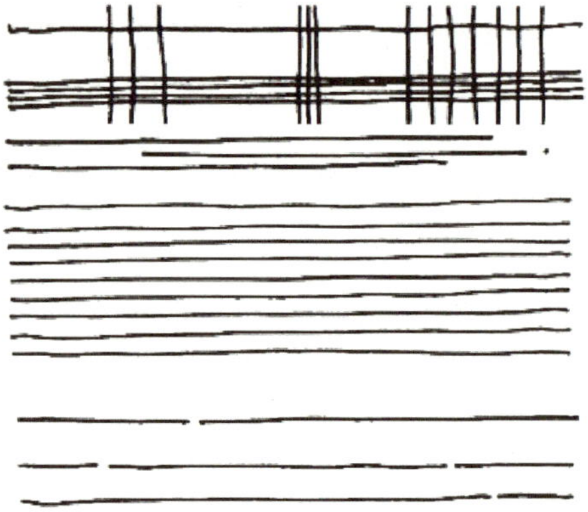

正确

图2-6 正确线条与错误线条对比

黑白线条表现是所有手绘表现形式中最原始、最基本的表达方式，将线条用一定的组织排列，通过长短、粗细、疏密、曲直等方式来表现不同的视觉语言（见图2–7）。线条的练习方式有很多种，其中速写是练习线条和空间形态较好的方式之一，可以培养高度的概括能力和把握形象的准确性，以下是几种常见的练习方式。

图2–7 线条的练习

（一）体块空间练习

体块是透视的基础，也是画一切物体的根本。如果体块出现了透视、结构或比例的问题，就不可能画出好的效果。体块不仅仅是简单的几何形状，它们还承载着空间的功能和氛围。绘制体块是练习空间想象力最好的方法之一，画的时候要注意体块的穿插、遮挡和结构等（见图2–8）。通过不同形状、大小和位置的体块组合，可以创造出丰富多变的空间效果。在练习过程中，要注意体块之间的比例、尺度、高低等关系的协调。

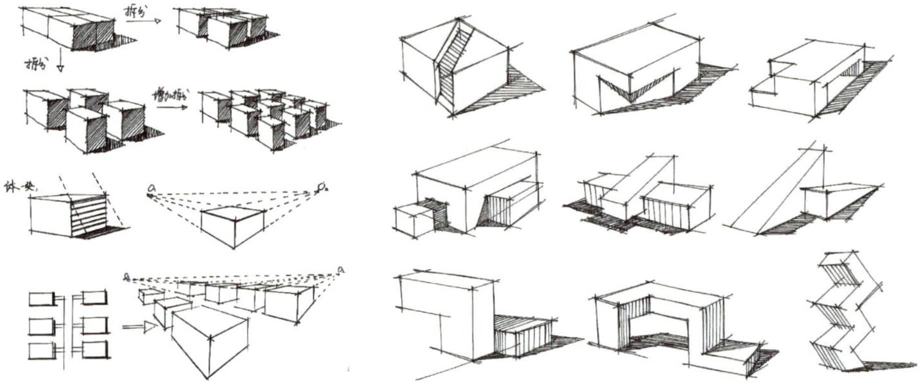

图2-8 体块空间练习

（二）光影、明暗练习

通过几何体来练习线条，可以对线条有更深层次的了解，将排线有机地融合在几何体中，根据线条的疏密变化来区分几何体的明暗关系，掌握物体的光影变化和体块感（见图2-9、图2-10）。光影、明暗的对比是形象构成的重要手段，光影、明暗的关系是因光线的作用而形成的，光影效果可以帮助人们感受对象的体积、质感和形状。在手绘效果图中，利用光影现象可以更真实地表现场景效果。首先，要明确光源的位置和方向，这是决定物体明暗分布的关键因

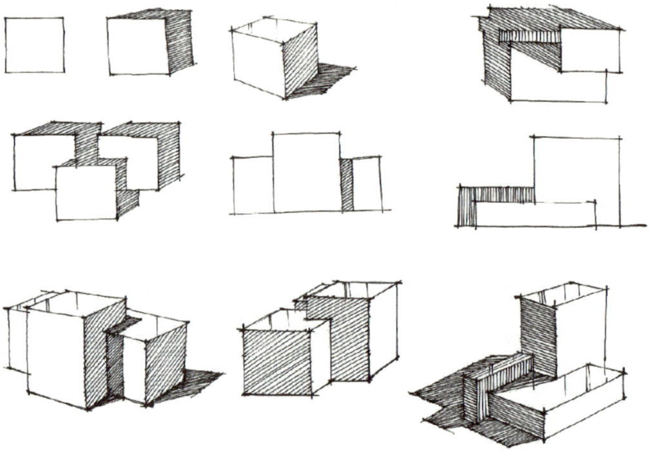

图2-9 几何阴影练习

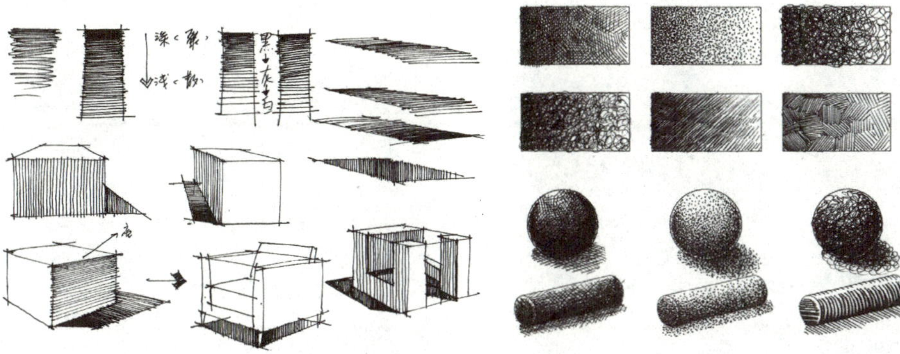

图2-10 明暗阴影练习

素，要注意方体的透视关系处理及投影的形状和位置。其次，要注意黑白灰的层次关系，通过明暗对比来突出物体的形体结构和空间感，明暗对比要鲜明，但也要避免过于生硬，保持画面的和谐统一。再次，在表现明暗交界线时，要注意过渡自然，避免出现明显的分界线，可以通过渐变的手法，使明暗交界线逐渐融入暗部或亮部。最后，要确保画面的光影分布合理、层次分明。

（三）照片对照练习

在练习线条的过程中，可以对着照片进行训练，无论是作为速写练习还是线条练习，对照照片作图都是一种不错的学习方法。临绘照片并不是单纯地抄袭与拷贝，而是在绘制过程中对照片的提炼与归纳，并在此基础上进行删减或增加，最终形成自己对照片进行感观分析后的图像。可以先从自己熟悉的工具材料入手，不要一开始就对着复杂的照片进行作图，以免因控制不了画面而失去信心。通过临绘照片还可以解决构图、透视、画面布局等一系列问题，因为直接观察现场的空间时，由于视距等因素，难免造成透视、构图等关系的偏差，而通过临绘照片可以清晰验证对透视规律把握的准确度（见图2-11）。通过对照片的临绘，可以达到线条练习的目的。在作图的过程中，要注意塑造物体的体量、立体感、空间感，各种表面材料的质感，建筑本身的形象及周围环境。临绘照片已经成为培养学生观察分析能力和尺度平衡能力的一种教学实

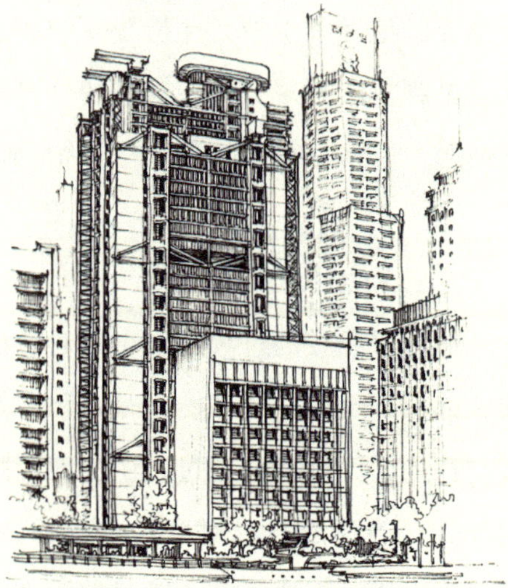

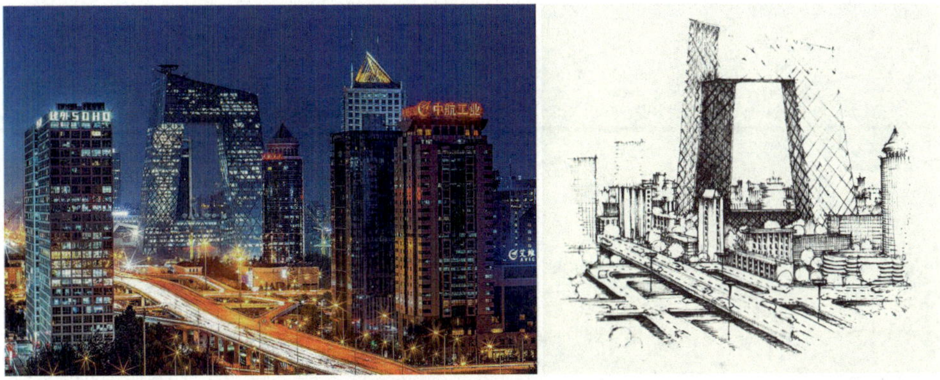

图2-11 对照照片进行的线条练习

验方法，有助于帮助学生在理解中作图，在思考中进行徒手表现。图2-12的这6张照片提供给学习者作为线条练习的临绘图，也可以自己找比较喜欢的摄影作品进行对照练习。

图2-12 线条练习的临绘图

画线小窍门：第一，线要有起笔和收笔；第二，线条绘制要连贯，切忌断断续续、不流畅；第三，切忌小段线条来回反复描绘、不整齐；第四，下笔要坚决、有力度，切忌收笔时出现回勾的情况；第五，切忌乱排线，基本规律是平行于边线和透视线，或者垂直于画面；第六，在画方体的时候，注意线与线之间出现交叉线时，交叉线出头部分切忌一样长，避免出现鸡爪子形状；第七，切忌使用圆珠笔和中性笔，笔墨干得较慢，容易导致画面脏乱。

第二节 马克笔线条表现

马克笔是目前手绘上色比较受欢迎且实用的工具，因此在学习手绘表现的初期应该掌握好马克笔线条的特性和笔触技巧。马克笔的上色表现多以直线为主，所以下面我们以马克笔线条为主，来学习马克笔画线的技巧。

一、马克笔常见笔法

（一）直线摆笔

顺着物体结构有序排列马克笔的笔触，速度适中，下笔果断，切忌犹豫。这种笔法是线条简单的平行或垂直排列，最终强调面的效果，为画面建立持续感。

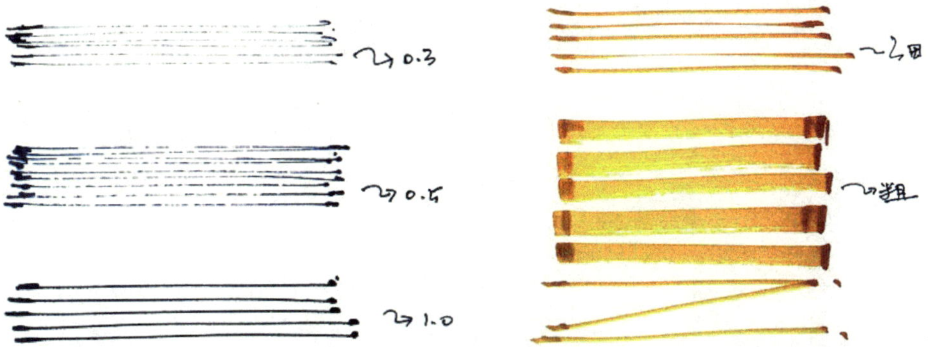

图2-13 克笔直线线条

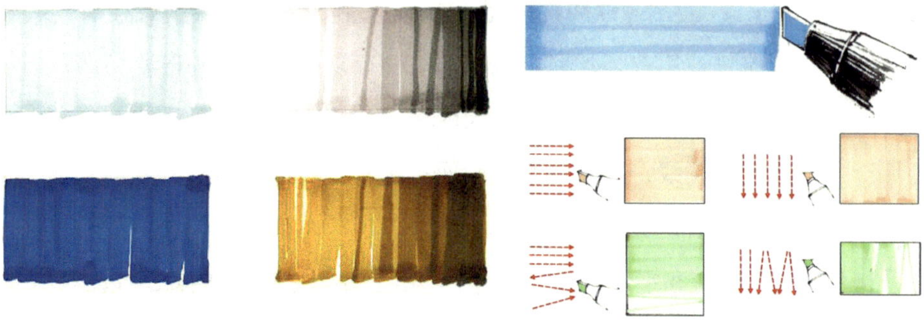

图2-14 马克笔直线摆笔

（二）叠加摆笔

笔触的叠加能够使画面色彩丰富，过渡清晰。需要注意的是，同类色能叠加，对比色不能叠加。叠加颜色时，不要完全覆盖上一层颜色，要做笔触渐变。同时，一定要等第一遍颜色干了之后再画第二遍，否则颜色会溶在一起，造成笔触边界不明显。

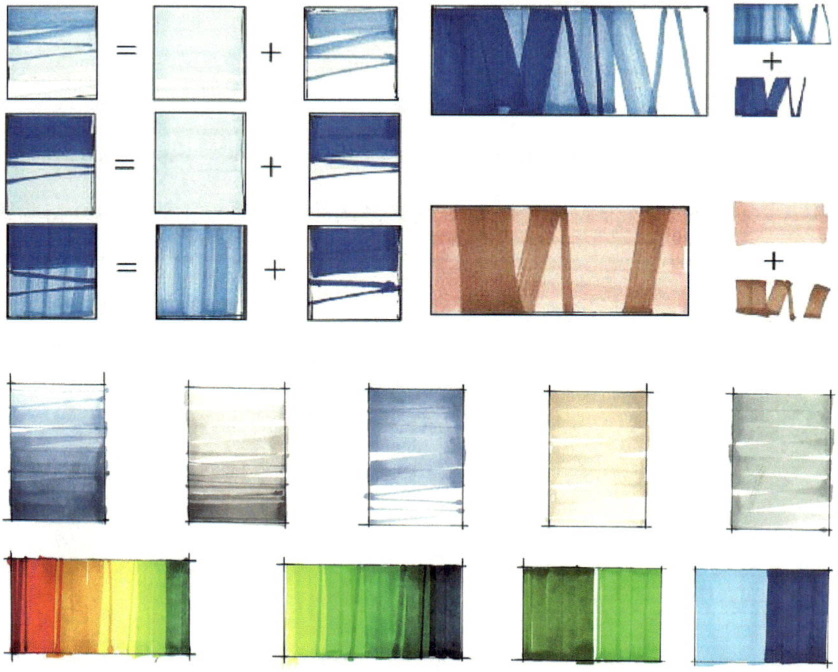

图2-15 马克笔叠加摆笔

（三）扫笔

扫笔先是起笔重，然后迅速运笔，无明显的收笔。扫笔有一定的方向控制和长短要求，是为了强调明显的衰减变化，一般可用于表现物体的亮面或反光阴影快速扫过。

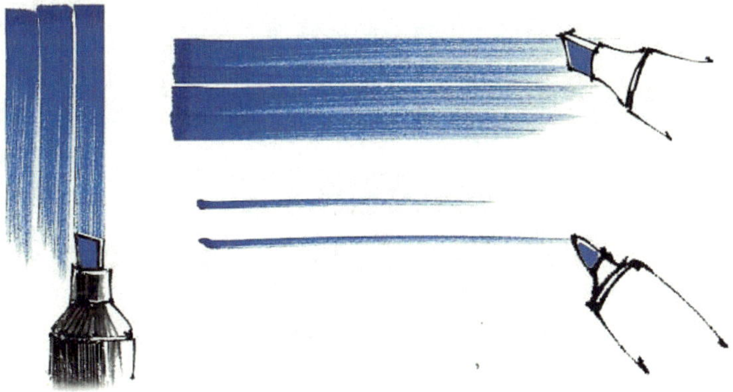

图2-16 马克笔扫笔

（四）点笔

点笔常用在树冠、草地和云彩的绘制中，可采用笔块点涂方式，笔触讲究的是运笔灵活，不要拘泥于一个方向运笔，要烘托画面的活跃气氛。

图2-17 马克笔点笔

（五）马克笔绘制的常见错误

第一，运笔时手不稳，力度不均匀，出现缺口。

第二，断断续续，用笔停顿，线条不流畅。

第三，飘线，起笔重，有头无尾。

第四，力度太大，用笔速度过慢，上色颜色太重，不透气。

还需要注意的是，如果觉得自己的笔特别干，可以往里面注入一点酒精，一般选用针管注入，注意酒精量不能超过针管上的一小格。

图2-18 马克笔绘制的常见错误

二、马克笔控笔技巧与练习

马克笔上色的步骤与水彩相似，应由浅入深，先上浅色，再上过渡色，最后上重色，逐步调整暗、亮两面的色彩。马克笔上色以爽快干净为宜，不要反复涂抹，若层次较多会显得很脏，从而失去马克笔上色所应有的效果。马克笔线条应按照物体的形体结构、块面的转折关系来绘制。同时，在笔触的运用过程中，应注意点、线、面的安排。笔触的长、短、宽、窄组合搭配不能单一，应有变化，否则画面会显得呆板。很多初学者可能是第一次使用马克笔，想要更好地运用与掌握，大量的马克笔练习是很有必要的。

（一）综合排线练习

通过综合练习马克笔的用笔手法，可以更加熟练地掌握马克笔的特性及线条的粗细变化情况，以便在上色时达到画面的层次要求。

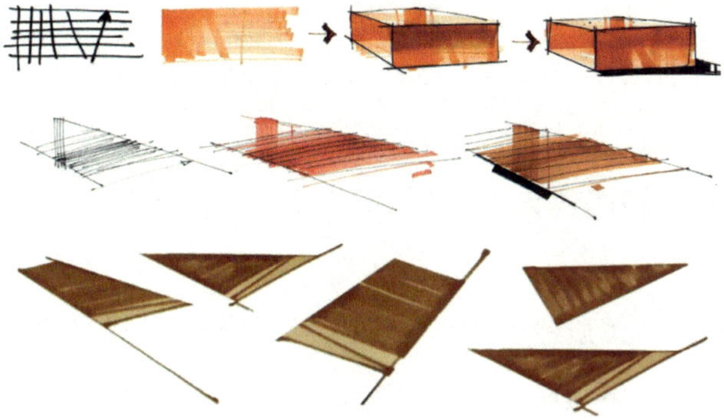

图2-19 综合排线练习

（二）体块明暗练习

初学者一开始应多练习单体单色马克笔上色，这样可以很好地掌握马克笔笔触的排列画法，在掌握了面与面直接的衔接细节处理后再转变成多色体块形式的练习。马克笔体块上色首先要考虑光影关系，包括亮部、灰部、暗部和投影等，同时还要考虑体块间的相互关系，以及体块与环境之间的关系。笔触排列时应平行重叠排列，由粗到细，渐变“Z”字形、“N”字形。线条排列时要大胆留白处理。如果需要借助工具，那么笔触应借助于直尺工整质感的线条，要有起笔和收笔的停顿。需要注意的是，在为一个体块上色时，必须用一套颜色，不能暖灰色的浅色和冷灰色的深色混用。

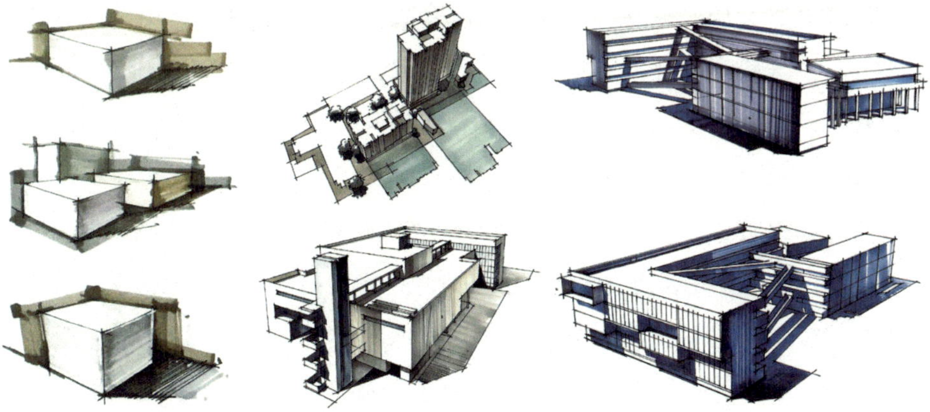

图2-20 明暗体块练习

第三节 材质线条表现

一、室内材质线条表现

材质是由物体质地所产生的视觉感知的特征，通过对材质的快速表现，可以直接反映出物体与材料的真实性。当与客户沟通时，如果需要以快速的形式表现，此时便无法根据实物来写生，这就要求设计者平时要多注意观察和分析各种材质的表面肌理视觉特征，通过设计者的感觉特征来实现设计方案。只要抓住材质肌理的特征，哪怕是黑白线条的表现图，也能够精细入微地表达设计理念。通过排列出不同的线条组合、运用不同的组织方式可以生动地表现出各种材质。

（一）家具

家具不仅具有实用性，如坐卧、凭倚、贮藏、间隔等功能，还具有一定的艺术性和装饰性。家具的种类繁多，包括衣橱、桌子、床、沙发等大件物品，以及各种小型的炊事用具、装饰摆件等。家具的设计和生产往往融合了材料、结构、外观形式和功能等多种因素，以满足人们的不同需求和审美偏好。在现代社会中，家具已经成为室内装饰的重要组成部分，用线条表现家具的特性，关键在于捕捉家具的形状、结构、材质，以及家具所传达的舒适感和功能性。

1.沙发

首先勾勒出沙发的整体轮廓，注意线条的流畅性和连贯性，以表现沙发的整体形态。然后在轮廓线内部，用线条表现沙发的内部结构，如扶手、靠背、坐垫的分割等。这些线条应简洁明了，同时体现沙发的稳固性和舒适度。通过线条的粗细、密度和排列方式，暗示沙发的材质特性。例如，柔软的布艺沙发可以用细腻而密集的线条来表现其柔软和舒适，而皮质沙发则可以用较为粗犷、简洁的线条来体现其质感和耐用性。沙发上的装饰性元素，如绲边、图案等，也可以用线条来精细描绘，以增加沙发的美感和细节感（见图2–21）。

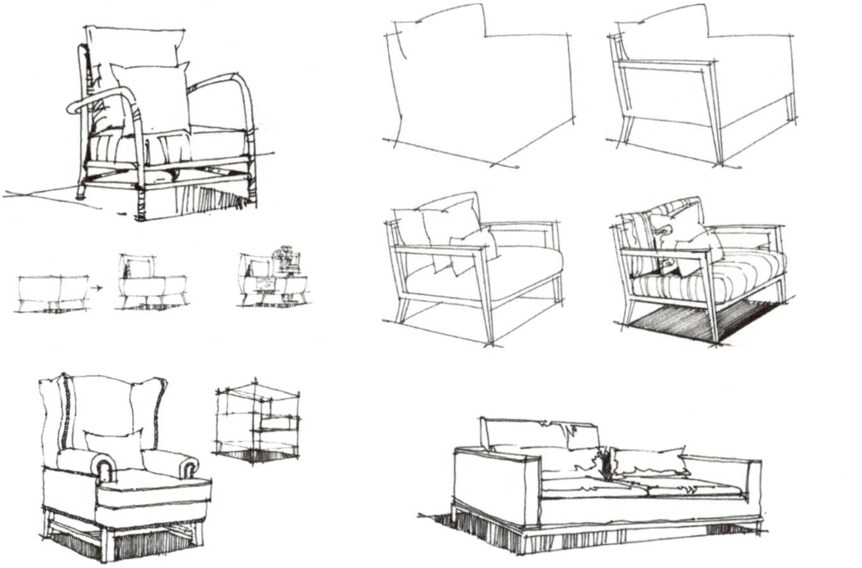

图2–21 沙发

2.床

床架是床的基础结构，应使用线条勾勒出床架的形状和连接方式，要注意线条的稳固性和承重能力。床头板是床的重要组成部分，也是装饰的重点，应使用线条表现出床头板的造型和纹理，如直线、曲线或雕花等，以体现床的美感和风格。虽然床垫和床品不是床架本身的一部分，但在表现床的整体效果时也需要考虑，可以用线条暗示床垫的厚度和床品的褶皱感，以增加画面的层次和真实感（见图2–22）。

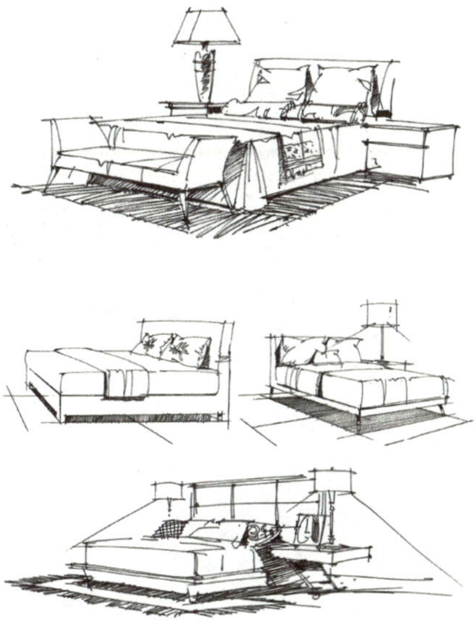

图2–22 床

3.茶几

应使用线条的粗细、密度和质感来暗示茶几的材质特性。例如，如果茶几是由实木制成的，那么线条可以画得相对粗犷一些，以体现木材的质感和纹理。如果茶几表面有玻璃或金属装饰，则可以用更加细腻和精致的线条来表现其光滑和坚硬的特性，应注意把握好透视关系与茶几的结构转折等（见图2–23）。

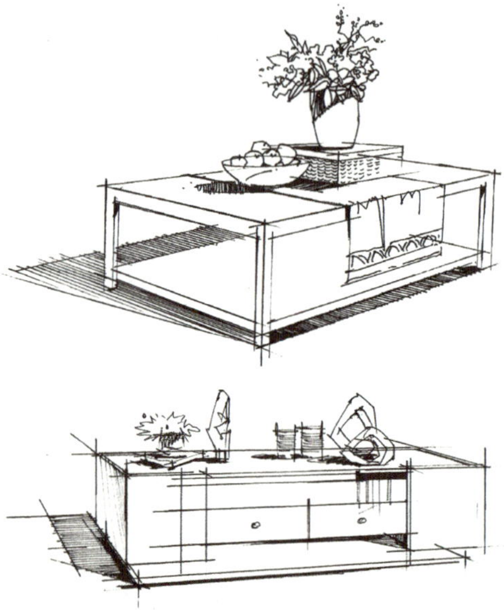

图2–23 茶几

（二）**绿植**

使用线条表现绿植的特性，关键在于捕捉绿植的生长形态、叶片结构、枝条走向，以及整体的生机与活力。在表现绿植这类饰物时要注意植物的大体形态及特征，大叶的植物要把叶子的形态画出来，小叶的植物不用一片叶子一片叶子地画，而是用一些线条、调子来代替（见图2–24）。

图2–24 室内绿植表现

（三）壁毯与地毯

在室内装饰中，壁毯与地毯是重要的陈设材料，不仅具有吸声、隔热的功能，而且柔软、富有弹性，所以在表现时要突出软质纤维的特性（见图2–25）。

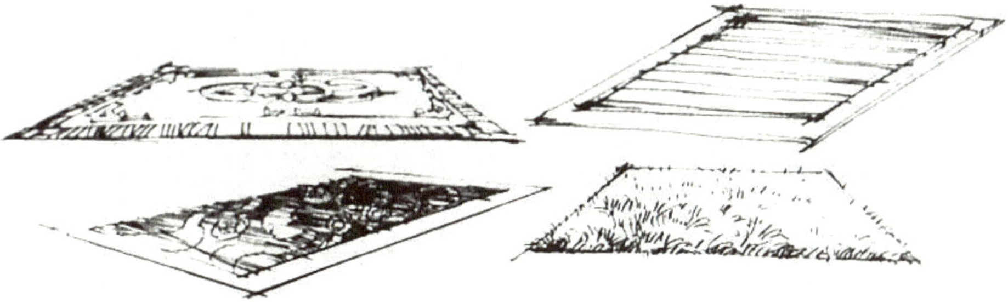

图2–25 地毯

（四）窗帘

窗帘的制作材料有很多，除棉、毛、丝、麻、化纤之外，还有塑料、木材等，每种制作材料都具有独特性。虽然大多数窗帘还是以软质材料为主，但是在表现时线条不宜过软，要突出窗帘的垂坠感（见图2–26）。

图2–26 窗帘

（五）抱枕

抱枕又称靠垫，是家居生活中常见的用品，类似于枕头，但通常尺寸较小，具有丰富的装饰效果。使用线条表现抱枕的特性时，应注重表现其柔软、褶皱和立体感等特点（见图2–27）。

图2–27 抱枕

（六）木纹

木纹的质感往往表现在木质配件、家具之中，最明显的视觉特征是具有美观与自然的色彩与纹理（见图2–28）。在处理木纹线条时一定要尽量直且有力度，这样才能体现木质家具的坚硬度，才能突出木纹自然的纹理感。要根据木纹的实际粗细变化调整线条的粗细，在木纹较密集的区域，线条可以画得细一些，而在木纹稀疏的区域，则可以适当加粗线条。

图2–28 木纹 / 张枞

（七）陶艺饰品

陶艺是火与土的艺术，随着现代陶艺技术的迅猛发展，陶艺饰品的形式变得多种多样，所以在使用线条表现陶艺饰品时要尽量多画一些不同形状的造型，突出形态感与动态情趣（见图2–29）。

图2–29 陶艺饰品

（八）灯具

室内空间中灯具的风格样式很多，在练习时可以采用从易到难的方式，通过线条的质感表现灯具的材质特性。例如，金属材质的灯具可以用硬朗、直角的线条来表现其冷硬质感，而玻璃或陶瓷材质的灯具则可以用流畅、圆润的线条来表现其温润和光泽。灯具上常常会有各种装饰元素，如花纹、图案、雕刻等，这些细节部分可以用精细的线条来描绘，以增加灯具的美感和艺术价值。需要注意的是，这些装饰线条应与整体风格相协调，既突出细节又不显得突兀（见图2–30）。

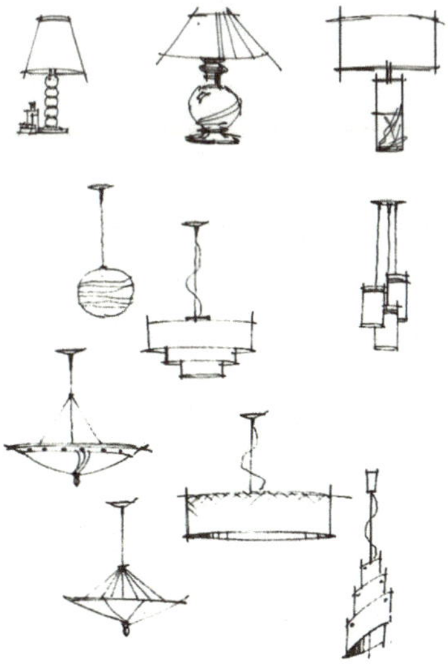

图2–30 灯具

（九）装饰画

装饰画最适合在客厅、书房、饭厅等空间作为墙面的装饰，选择装饰画时一定要注意整体风格，在使用线条表现装饰画时要简练。虽然装饰画在图中是画中画，但画的内容也不可俗气（见图2–31）。

图2–31 装饰画

二、室外材质线条表现

手绘表现不仅擅长细腻描绘室内的多样材质，展现其独特质感，同时也能够巧妙捕捉并表现室外的各种材质线条，将自然界的石、木、水之美，通过笔触一一呈现，使得室内外空间在手绘中得以和谐共生，展现无尽魅力。在室外设计手绘中，除了重点表现建筑主体之外，还有大量的配景要素。所谓配景，就是指陪衬建筑主体的环境部分，主要包括植物、山石水景、人物、车辆和其他环境设施等。

（一）植物

植物是室外手绘配景中最常见的元素，其作用在于烘托场景气氛，使画面更加丰富。植物一般在建筑画中分为乔木、灌木、地被和花草，在画面上体现为收边植物(前景植物)、中景植物和远景植物。一般在一幅表现图中尽量体现不同类型的植物，每个层次尽量使用两种或两种以上的植物，这样可以拉开空间的层次，同时可以使画面的整体层次更加丰富。植物的形态是手绘表现的重点之一，要仔细观察植物的轮廓、枝条的走向、叶片的形状和排列等，但不需要过细地描绘植物物种。普通植物的表现形式都是比较概括的，简单而含蓄（见图2–32）。

草地、草丛能起到美化城市、净化空气的作用，所以在室外景观表现中，植物的草地配景也十分重要，一般在表现草地时宜选择点或线段，突出空间感和体积感（见图2–33）。

图2–32 植物

图2–33 低矮草丛

（二）人物

在手绘效果图中，人物的表现是至关重要的，它直接关系到画面的整体效果和艺术感染力。手绘人物时，首先要确保人物的比例正确，然后还要配上人物的各种姿态，要避免僵硬不协调或过于呆板的姿势，应确保手绘画面表现得生动自然（见图2–34）。

图2-34 近景、远景的不同人物表现

（三）石材

石材的种类较多，常用的建筑石材有花岗岩、大理石、人造石等。由于石材的产地不同，其颜色和纹理常常会有差异。例如，毛石表面凹凸不平，体积感较强；大理石与花岗岩的种类很多，色彩也很丰富。在手绘表现时，首先要按照石材的色彩用大笔表现出石料本身的色彩与反光、倒影的关系。一般反光和倒影可以用垂直的笔触画出，室外地面铺装的石材以突出铺装特征效果为主，常见的有石板、卵石、砖面、木栈道等（见图2-35）。

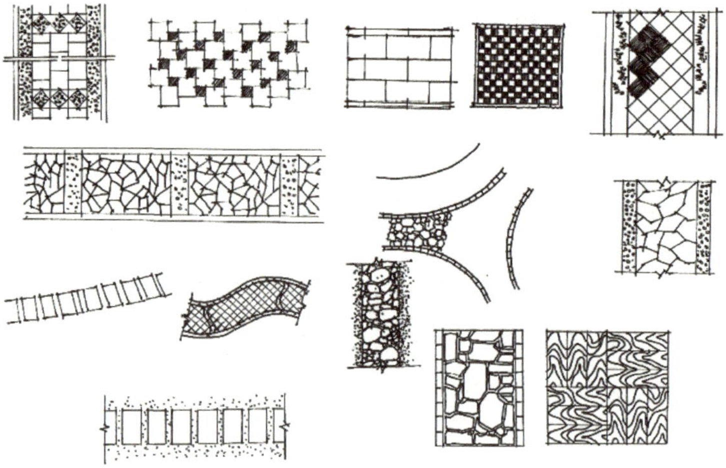

图2-35 室外地面铺装的石材

（四）玻璃

玻璃是一种新型建筑材料，作为幕墙是一个新的建筑词汇。常见的玻璃一般有两大类，一类是透明玻璃，一类是反射玻璃，想要在建筑表现图中正确表现出这些玻璃的区别，关键在于表达出这些玻璃的透明和反射光线的程度（见图2–36）。镜面玻璃反射能力最强，能充分反映周围景象，明暗对比强烈。镜面玻璃的表面实际上就是周围环境的表现，可以稍微比周围的环境景象弱一点，在转折处常常有强烈的高光。如果表现大面积的玻璃幕墙，则应当注意先画出玻璃反射的景物，然后再用线条勾出玻璃的框架和边线。上色时要注意用笔的方向和结构，以及光线的角度。

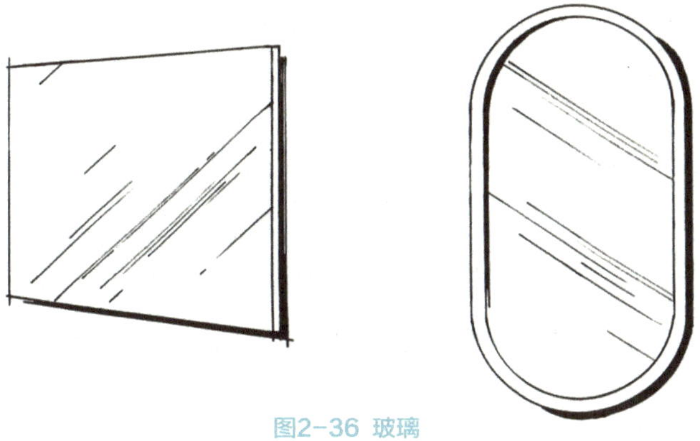

图2–36 玻璃

在表现透明玻璃时，关键在于描绘透过玻璃所看到的景物。例如，在描绘大面积的玻璃窗时，往往把室内的天花、墙面、灯具等物品都隐约地表现出来，只不过对比的程度弱一些，颜色灰暗一点，这样玻璃的透明质感就表现出来了。透明玻璃在一定的角度时也有反光，不过这些反光要比镜面玻璃的反光弱。

（五）水景

水是室外要素中最迷人和最能激发人兴趣的要素，由于水能够调节人的情绪，所以人们有着较强的亲水情节。在表现水面时，宜选择连续的直线、曲线或线和点的结合，以突出水的质感与波光（见图2–37）。

图2-37 跌水景观的表现

（六）汽车

汽车是手绘中最常见的交通工具配景，其刻画难度大、不好掌握，线条应该流畅自然、干脆利落，避免出现生硬的转折或断裂，以体现汽车的动感和速度感。遵循透视原理，要确保汽车线条在画面中的透视关系正确，使汽车看起来更加立体和真实。同时结合光影效果来绘制线条，使汽车线条更加生动且具有立体感（见图2-38）。

图2-38 汽车等交通工具

第三章
透视原理与绘制技巧

第一节 透视原理

一、透视的概念

透视（Perspective）一词的含义就是透过透明平面来观察景物，从而研究物体投影成形的法则，即在二维平面空间中研究如何把我们看到的物象投影形成立体造型的图形。透视的概念主要源于绘画领域，并在多个艺术和设计领域中得到广泛应用。这种表现画面中各种物体之间的空间关系或位置关系，在平面上构建空间感、立体感的方法，就是从事设计工作的人在绘制图纸时需要运用到的透视原理和必须掌握的作图法则。透视有广义透视学和狭义透视学之分，广义透视学是指各种空间表现的方法，狭义透视学（即线性透视学）则是文艺复兴时期的产物，即合乎科学规则地再现物体实际空间的位置，这种系统总结研究物体形状变化和规律的方法是线性透视的基础。

透视是表现空间感的重要手段之一，通过透视原理，可以在二维平面上创造出三维的视觉效果，使画面具有深度和层次感。优秀的透视表现能够增强画面的空间感，使观者能够清晰地感受到画面中物体的远近关系和层次感，能够真实地再现设计师的构思，有助于与受众进行沟通和交流，形成真实的感官空间。如果透视不准确，画面可能会显得扁平、缺乏深度，从而影响整体的视觉效果。学习透视应遵循的最基本规律是近大远小、近实远虚。此外，平视、俯

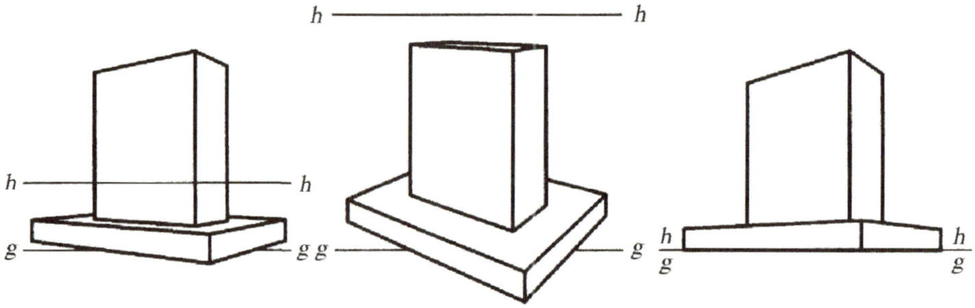

图3-1 透视规律中最基本的三种形式

视和仰视是透视规律中最基本的三种形式（见图3–1）。

二、透视的基本术语

想要学习透视的基本画法，首先必须了解透视的一些基本术语。

视点(Eye Point，EP)，即绘画者观察物象时眼睛所在的位置，同时也是透视投影的中心，所以也叫投影中心。

视高(Eye Level，EL)，即视点到基点的垂直距离，也就是视点至立点的距离。

站点（Standing Point，SP），即绘画者站立的位置。

基面（Ground Plane，GP），即放置物体的地平面（反映平面图投影的面）。

心点（Center Vision，CV），即视心线与画面的交点（一点透视以此为灭点）。

基线（Ground Line，GL），即基面与画面的交线。

视平线（Horizon Line，HL），即画面上等于视点高度的水平线，或者说通过心点所引的水平线。

消失点（Vanishing Point，VP），即不在画面上的相互平行的直线消失于视平线上的点（成角透视的两个灭点，消失点1和消失点2）。

画面(Picture Panel，PP)，即人与景物之间的假设面。透视学中为了把一切立体的形象都容纳在一个平面上，在人眼注视方向假设有一块大无边际的透明玻璃，即介于眼睛与物体之间并垂直于地面的透明平面（玻璃板）。

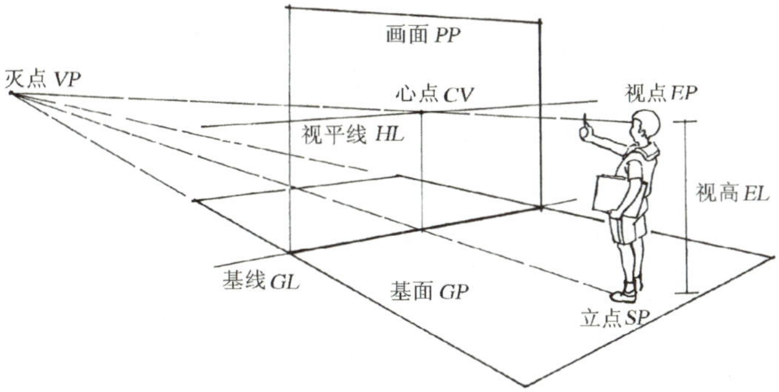

图3–2 透视基本术语

第二节 透视的分类

透视一般分为一点透视、两点透视、三点透视和轴测图透视等画法。

一、一点透视

一点透视又称平行透视，是一种最基本的透视作图方法，指物体的两组线，一组平行于画面，另一组垂直于画面，它们聚集于一个消失点（见图3-3）。其特点是物体的一个主要面平行于画面，而其他面垂直于画面，所以绘画者正对物体的面与画面平行，物体所有与画面垂直的线，其透视有消失点，并且只有一个消失点。

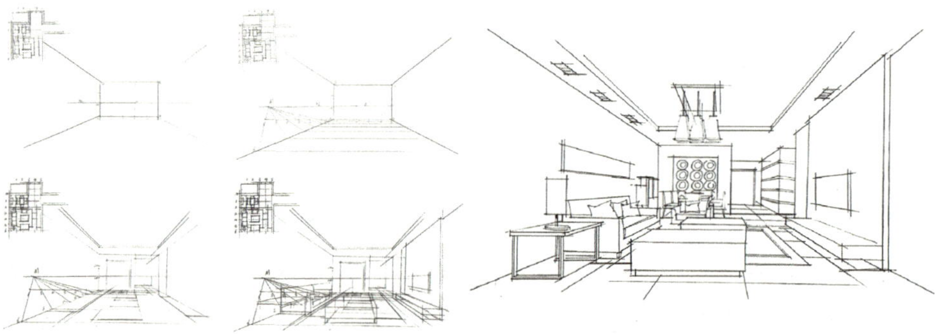

图3-3 一点透视步骤分解

一点透视的基本步骤包括以下几个。

第一，拟定出一个合适的空间平面，根据平面图选择一个合适的角度进行一点透视空间表现。平面图宽5米，进深6米，室内家居空间高一般是3米，视平线选择1.2米左右，消失点偏右，然后画出矩形内框，定出视平线与消失点，连接ABCD到消失点O形成一个简单的透视空间。

第二，把BA向左延长6个基准单位（6米），在5米与6米之间定出M点，然后分别连接几个点，得出6米空间的进深。

第三，根据平面示意图依次找出沙发、茶几、边几、电视背景墙等主要物体的基本位置，在透视图中把平面图的位置准确地刻画出来。

第四，根据常用的家具尺寸来确定沙发、茶几等物体在空间中的高度位置。一般通过AD上的高度来确定其他物体的高度，如果沙发的高度为0.85米，那么先在AD上找到0.85米的位置，连接至消失点O，并延长到沙发地面所在的位置。

第五，最后用钢笔或者针管笔勾勒出主要的结构线条，再把原来的铅笔线稿部分重新画一遍，完成之后擦掉铅笔稿。

由于一点透视的表现范围广、纵深感强，因此十分适合表现庄重、严肃、稳定、宁静的室内空间环境，这种空间多具有较大的尺度感和体积感，如家居空间中的客厅（见图3-4）、公共空间中的大堂往往都较多选择一点透视。但如果处理不当则容易平淡，当展开面过宽时，超出正常视角的部分会产生失真现象，会与真实效果有一定的差距。

图3-4　客厅一点透视效果

二、两点透视

两点透视又称成角透视，是指物体有一组垂直线与画面平行，其他两组线均与画面成某一角度，各个面的各条平行线向两个方向消失在视平线上，且产生两个消失点的透视现象（见图3-5）。这种透视表现的立体感较强，画面效果

图3-5 两点透视

比较自由、活泼，所反映出的空间能够比较接近人的真实感觉，能够真实地反映出空间关系，缺点是如果角度选择不准，容易产生变形（见图3-6）。由于两点透视的上述特点，这种透视画法比较多地使用在室内小空间及室外建筑景观效果图的表现中（见图3-7）。

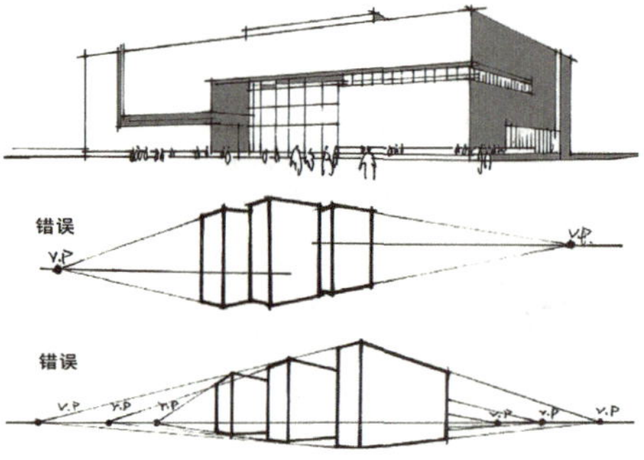

图3-6 两点透视的常见错误

图3-7 建筑外观的两点透视效果

三、三点透视

三点透视也称为斜角透视，即当表现对象倾斜于画面，且没有任何一条边平行于画面，其三条棱线均与画面成一定角度，且分别消失于三个消失点上的透视现象，包括俯视与仰视两种。这种透视方法由于具有强烈的透视感，因此特别适合表现体量大或具有强烈透视感的建筑物体。

三点透视一般运用较少，适用于室外高空俯视图或近距离的高大建筑物的绘画（见图3-8、图3-9）。三点透视的特点是角度比较夸张，透视纵深感强，能够加强透视效果，富有戏剧感（见图3-10），但不可盲目运用。

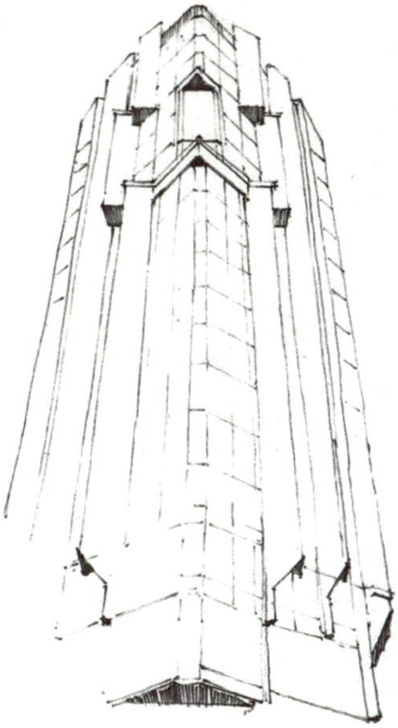

图3-8 三点透视

图3-9 高层仰视细节图

图3-10 富有戏剧感的建筑内部透视

在表现高层建筑的鸟瞰图时（见图3-11至图3-13），由于建筑物的高度远远大于长度与宽度，因此从天空看下去，建筑物在垂直方向上会产生强烈的透视效果，从而感觉建筑物上面宽、下面窄。因此采用三点透视的方法来绘制建筑物的透视图，可准确地将高大建筑物的透视关系绘制出来。

图3-11 高层建筑鸟瞰图

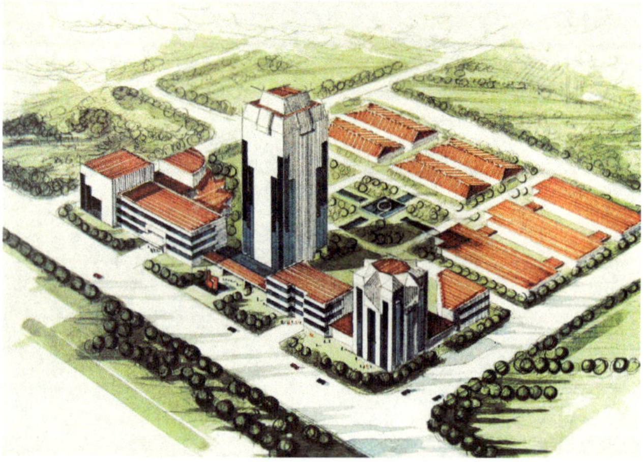

图3-12 联想集团规划方案

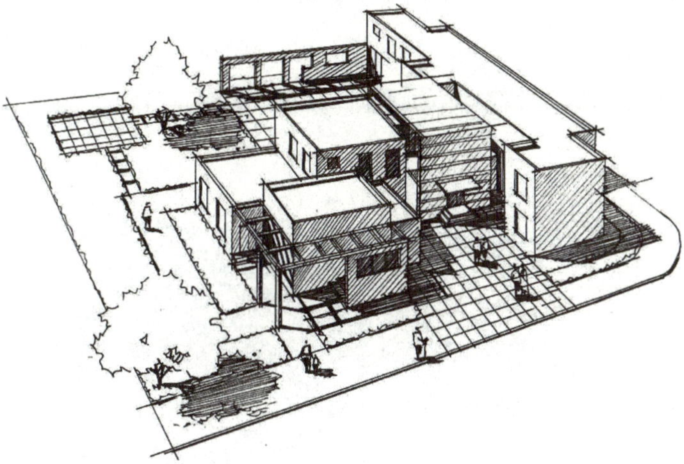

图3-13 建筑鸟瞰图

四、轴测图透视

轴测图透视画法是利用正、斜平行投影的方法，产生三轴立面的图像效果，并通过三轴确定物体的长、宽、高等三维尺寸，同时反映物体三个面的造型，利用这种方法形成的图像称为轴测图（见图3-14）。

图3-14 建筑结构轴测图

在室内空间中，轴测图有助于我们分析建筑的结构和空间的布局方式（见图3–15），可以清晰地识别建筑中门、窗、楼梯的位置与构造，依据二维平面图加入高度数据形成三维空间的围合，进一步再现建筑的真实感官。

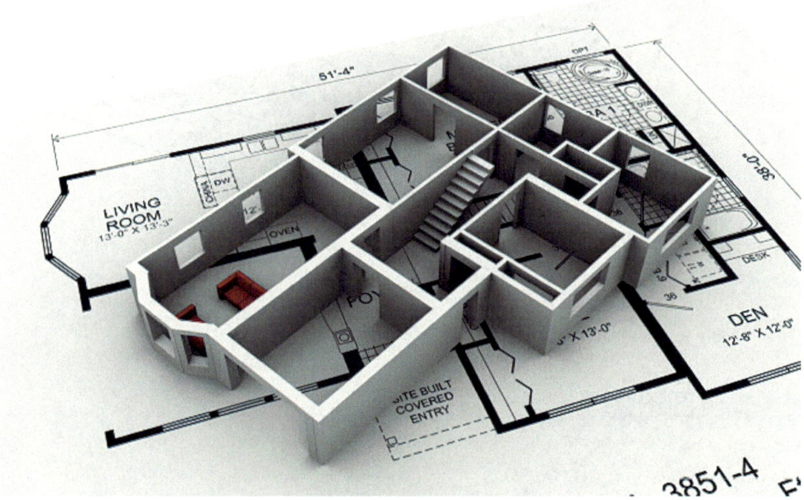

图3–15 室内空间轴测图

第三节 构图选择与运用

一、构图的概念

构图(Composition)与文学的构思同义，也叫经营位置。构图是把多个造型要素在画面上有机地结合起来，并按照设计所需要的主题，合理地安排在画面中适当的位置上，形成既对立又统一的画面，以达到视觉心理上的平衡。

所谓画面的构图，就是指在画面中处理好各种关系，对画面进行经营、安排与布置，画面效果是否完整统一，很大程度上取决于画面的构图形式。构图过程就是对表现内容的构思过程，构图本身就意味着选择、从属和强调，是一个可以表达明确意图的思维过程，即发现主题、组织题材、构建形式。合理的构图是做到形成画面形式美感的基础，只要开始画图，无论是绘制室内空间还是室外建筑都要在具体的作画过程中遵循画面构图的规律。

二、构图的要点

（一）完整

所谓完整，就是要求画面饱满、舒适，形象完整，主题突出（见图3-16）。初学者往往把物体对象画得太大或者太小，过于集中或者过于松散，这样都不能给人以美感，从而失去了构图的意义。

图3-16　完整的画面构图能突显主体

（二）变化统一

变化统一是构图的重要手段，构图的美学原则主要是既要有对比和变化，又要能和谐统一（见图3-17），切忌呆板、平均、完全对称及无对比关系的画面，因为这将令人感到非常乏味和沉闷。

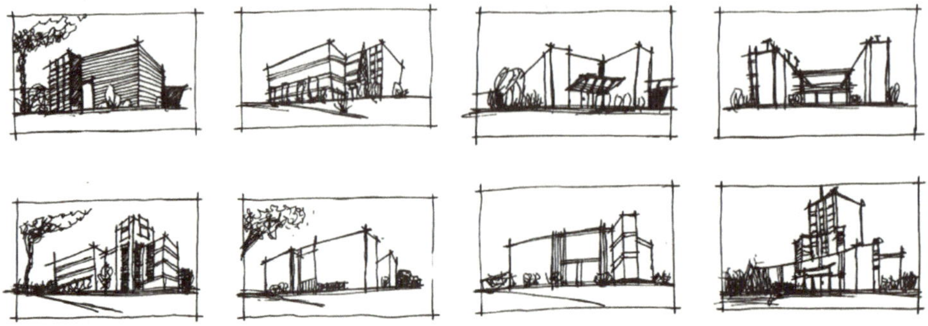

图3-17 变化统一的构图能增加画面形式感

（三）空间层次

不论是表现室外建筑还是室内空间，若想使画面具有空间层次感，就必须处理好近景、中景与远景这三者的关系，而设计主题的趣味中心一般都在中景部分（见图3-18）。真实世界中形体、色调与事物相互交织，通过设计图纸的表现可将其变得清晰而明确，尤其可以表现出环境的个性，突出整个画面的空间层次感。

图3-18 街景的空间层次感

（四）趣味中心

取景框就如同相机的镜头，可以调节焦距，选择广角，也可以上下左右移动，凸显绘画者捕捉画面中心的能力。趣味中心不仅是视觉欣赏的焦点，也是画面构成的中心，有时动态与静态趣味中心的恰当转换可以丰富画面的关系（见图3-19）。

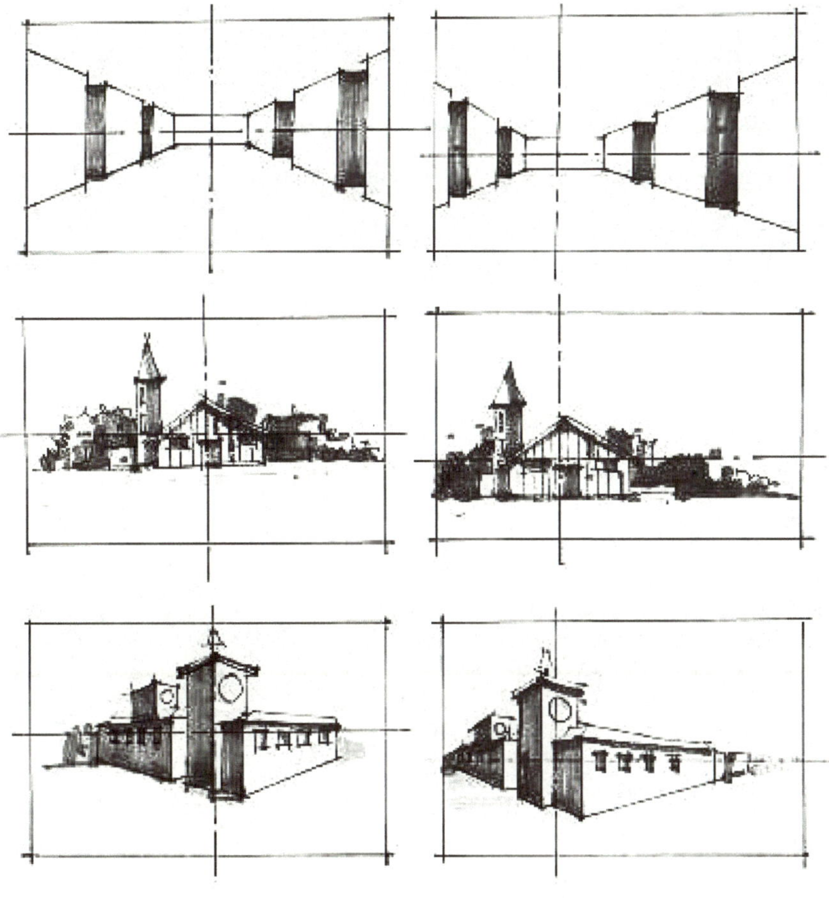

图3-19 静态和动态趣味中心的变化可以形成不同的画面效果

如果画面有聚散疏密和主次对比，有内在的接合及非等量的面积和形状的左右平衡，就会产生生动、多变、和谐统一的画面效果。掌握这些规则，可以使我们的构图千变万化，并展现出特有的魅力（见图3-20至图3-23）。

图3-20 近、中、远景的有效推移，可以丰富空间画面层次

图3-21 非等量面积和形状的平衡

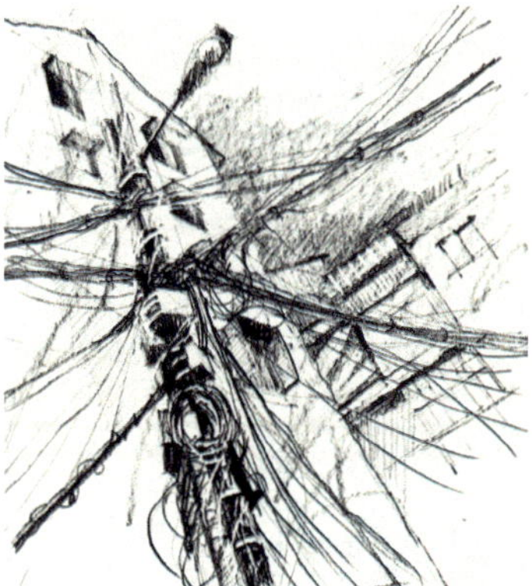

图3-22 特殊视角的构图可以丰富画面效果

图3-23 趣味中心在画面偏右的位置既能强调主体又能表现空间

三、构图的类型与心理

构图有多种格式塔方式，包括三角形、方形、圆形、S形等构图方式（见图3-24）。写生时往往根据物体的造型特征和画面来布局构图，如水平线的构图

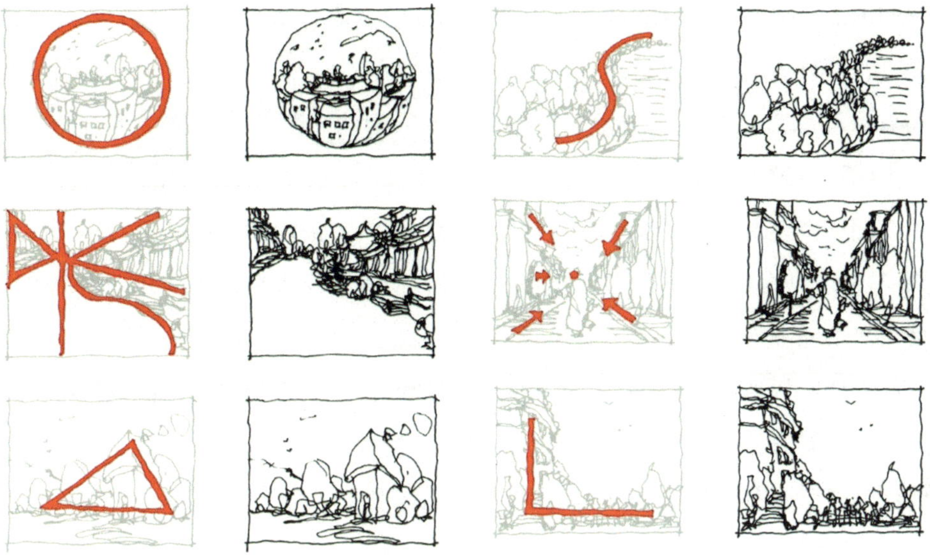

图3-24 构图的类型

使人感觉平坦、开阔，正三角形的构图给人稳定坚固之感，倒三角形的构图则给人运动之感等。

不同的构图能够带来不同的视觉冲击力和心理感受，构图美的法则多种多样，丰富且变化微妙，但都有规律可循，需要考虑多方面的因素，只有长期的经营推敲和艺术修养的磨炼才能熟练地驾驭。

四、构图中的点、线、面

构图就是将画面的各种元素进行合理安排，使之成为一个整体，也可以说将各种题材组织在一幅画面里，自成体系。在室外进行风景写生后，可以通过加入文字等形式进行版面编排，不仅能刻画主题还能丰富画面，形成构图的多样性（见图3-25）。

构图不仅可以用于整幅画面的设计，也可以用于单个或成群物体的设计。点、线、面是构成形式美感的基本视觉要素，它们各具审美价值。适度的点可使画面丰富多彩，适度的线可加强画面的精致感，面则可使画面完整充实。构图中的点、线、面作为构成元素既可以独立组合成画面，也可以相互组合成画面。在设计表现中，点、线、面的不同表达对同一个主题内容的画面会有不同的效果（见图3-26），处理好这些基本要素间的相互关系是构成形式美感的重要保证。效果图中的点可扩大到具体的人、车，以及建筑物的门窗等点状形体。同样，建筑物上的装饰线、地面上的车辙线、道路的边缘线，乃至不同粗细的树木等都属于线的形态，运用时切忌在曲直、粗细和疏密变化上出现等同现象。块面的形状要优美，避免雷同与重复，应注意其不同的方向、大小和形状的变化。块面的面积、色彩和相互位置的安排要服从均衡构图的原理，使其疏密错落有致，相互呼应，并富有节奏感。视觉上的轻重感可根据色块的明度深浅、面积大小，以及各自与画面重心的距离来加以调节。

图3-25 加入文字进行编排能丰富构图形式

图3-26 同一主题不同点、线、面的表达

五、构图实践运用

在绘制室内效果图时，应根据所要表现对象的特点来考虑画面的构图问题。对于初学者来说，作画前必须掌握构图规律与基本原则。

第一，从整个画面的范围来看，室内中心作为其表现的主体，在画面中所占的大小要合适。如果室内中心在画面中所占的范围过大，常常会给人一种拥挤和局促的视觉印象。反之，如果室内中心在画面中所占的范围过小，又会给人一种空旷和稀疏的视觉印象。

第二，从室内中心在画面中的位置来看，室内中心过于居中会使人感到呆板，但过于偏向两侧，又会给人带来主题不够突出的感觉。因此一般要把室内中心安排在画面中线略偏左侧或右侧一些，特别是在室内中心的正面，即中心位置主要朝向的所在一方要留有较大的空间，这样可以给人以舒展和顺畅的视觉印象。

第三，从室内中心所处地平线的高度来看，室内中心所处的地平线应依据表现对象的实际需要来定，一般视平线定得越高，看到的地面就越多，天花板就越少，反之亦然。通常地面和天花板不宜画得过大，这是因为过大的地面和天花板不仅难以处理，还会削弱室内中心作为主体在画面中的表现效果。

在掌握了透视和构图之后，我们基本上可以概括出一张完整的设计透视图线稿的绘制步骤（见图3–27、图3–28）。

第一，手绘透视图时，首先要确定适合这一空间表现的透视类型，如室内空间一般选择一点透视，建筑物外观效果多以两点透视为主。其次要考虑室内外布置的主次与表现的重点，室内主要是墙、地面、顶面与家具、植物、装饰品之间的关系，室外则主要是主体建筑物与配景树木、人物、汽车等之间的关系，可以通过不同的视高、视距来调整需要着重表现的物体。

第二，画面中室内外空间布局的处理要恰当，避免出现有些角度或拥挤或空洞的现象，有时可以利用绿植或装饰品等对画面进行调整与补充。

第三，画面中穿插的陈设、人物与小物品等可起到调节气氛的作用，但要

图3-27 室内一点透视绘制步骤

图3-28 室内一点透视绘制 / 沙沛

注意其比例的协调，还要适当注意物品虚实的处理。

第四，画面整体应有虚实感，突出主要部分，强调主要部分的造型、色彩、材质与空间关系，以及相互之间在画面关系中的处理。

第四节 单体要素透视原理与运用

一、树木透视原理与运用

树木同人一样具有生命的形态，需要以柔和的线条来体现美感。树木的形状构建与建筑物形状相结合的表现，对成功表现建筑造型是十分重要的。由于树木结构复杂，在表现时要选择合适的方法，如写实、装饰、线描等。手绘表现时，对设计图中树木的透视、大小、比例和位置要认真对待（见图3-29）。

图3-29 树木的透视关系

处理好树木的大小、虚实对整个画面具有重要作用（见图3-30）。远景的树木一般要处理得较平面化，但是需要注意树顶轮廓的变化。中景的树木一般都在建筑物前面，有时甚至遮挡着建筑物，与建筑物的联系较为紧密，在表现这一类树木时需要特别慎重。近景的树木往往比较高大，但是大部分都不会遮挡着建筑物，对这一类树木要表现得较为生动细致（见图3-31）。还有一种比较容易忽略的树木是收边植物，也就是前景植物，它们在画面中起到框景的作用，并且可以使场景多一个表现层次（见图3-32）。

图3-30 不同树木的表现方式 / San-Chin Kao

图3-31 近景树木的刻画 / 托马斯·王

图3-32 收边植物画法

二、人物透视原理与运用

在室内外效果图表现中需要点缀人物以显示室内外的规模、功能与气氛。一般来说，效果表现图中的人物身长比例为8至10个头长，这样的比例看上去较为利落、秀气。在画远处的人物时，可先从头部开始，依次为上肢、躯干、下肢，四部分逐个刻画，要着重刻画大的关系与大姿态，用笔干净利落，不必细画，近处人物可以表现得清晰一点。人物的安排应当根据画面的构图需要进行组织，人物的表现则需要根据人物所处位置的远近而有所不同。初学者刚开始时可以加强速写写生练习和依据照片来练习动态、线形与色彩（见图3–33）。

在地平面上画同样高的人物，不论是近处的人物还是远处的人物都要以同一部位接触地平线，这样人物的透视关系才能由近到远地逐步推移（见图3–34）。

远景中的人物表现应当概括处理，人物的动态与服饰的表现可用简单平涂的方法，即剪影效果（见图3–35）。

图3–33 速写人物练习

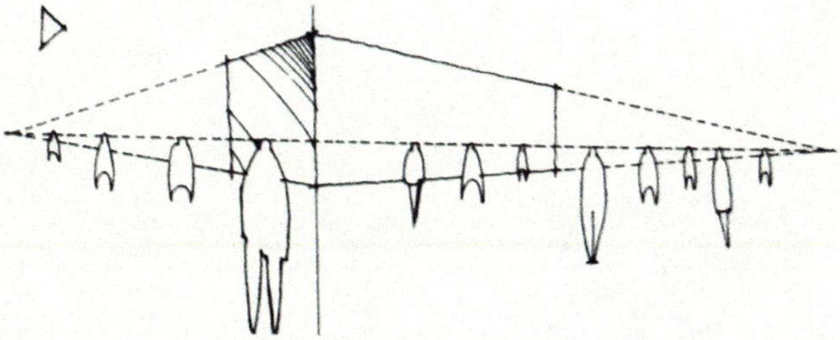

图3–34 同样高度的人物透视画法

图3–35 口袋式的远景人物

中景人物的处理要适当地表现出人物的动态，也可以多画现实场景，可以用速写的形式来加强练习（见图3–36至图3–38）。上装与下装的颜色要区别

图3-36 中景人物表现

图3-37 人物的结构分析

图3-38 快速人物的不同表现方式

开，服饰应比远景人物更体现出体积关系，人物的发式与脸部基本上用点来表现，无须表现五官特征。

近景的人物相对于中景的人物来说，在表现上要更深入一些，如果前景人物过大，那么近景人物的五官和动态应当明确表现，衣服款式和体积关系要交代清楚。当然，一般情况下不会刻意去刻画人物的五官细节。

第四章
马克笔上色
表现技巧

很多初学者一开始接触马克笔上色的时候都会觉得很难，感觉无从下笔。究其原因，一方面是对马克笔的使用不太熟悉，不知道上色规律和如何运笔。另一方面是好不容易才把线稿画好，担心上色之后画面效果不理想导致线稿作废，又要重新画线稿，这样既耽误时间，也影响上色的练习进度和学习信心。

这里给大家分享一个效果图表现的技巧，当画好一幅线稿后，先不要急着上色，将线稿复印两三张，然后在复印的线稿上把色彩关系画出来，以此来训练马克笔上色技能。这样不仅可以帮助大家研究如何上色，重要的是还可以去对比尝试不同色系在相同线稿中所呈现出的不同效果（见图4–1）。

图4–1 同一画面不同色调的表现

第一节 单体要素表现技巧

马克笔的上色一般都是从单体开始的，通过对单体要素的练习，了解基本的绘制技巧，掌握不同的材质表现，如效果图中有时要表现木材纹理、布艺质感、水体形态、砖石特质、植物动态、天空渲染等。

一、室内陈设要素

（一）家具类

家具是室内空间中的主要陈设物，是室内空间中的基础元素，是室内空间氛围和风格的重要组成部分，不仅影响室内的视觉效果，还直接关系到居住者的生活体验。家具大致有三种基本形式：第一种是支撑类家具，如沙发、茶几、床等，不仅提供坐卧功能，还能够通过其形态、材质和布局影响空间的整体氛围；第二种是储藏类家具，如书柜、衣柜、储物柜等，这些家具用于存放物品，保持室内整洁有序，在手绘中需要注意它们的尺寸、比例和与周围环境的协调性；第三种是装饰类家具，如电视柜、展示架等，这些家具不仅具有实用功能，还能够通过其独特的造型和装饰元素为室内空间增添亮点。

图4-2 沙发对照画法

图4-3 沙发

图4-4 不同的座椅上色

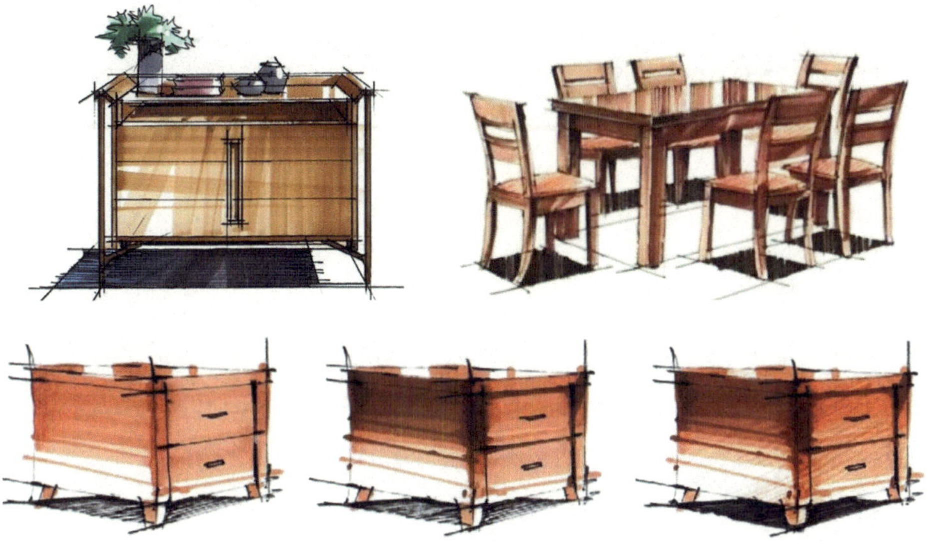

图4-5 木质家具的表现

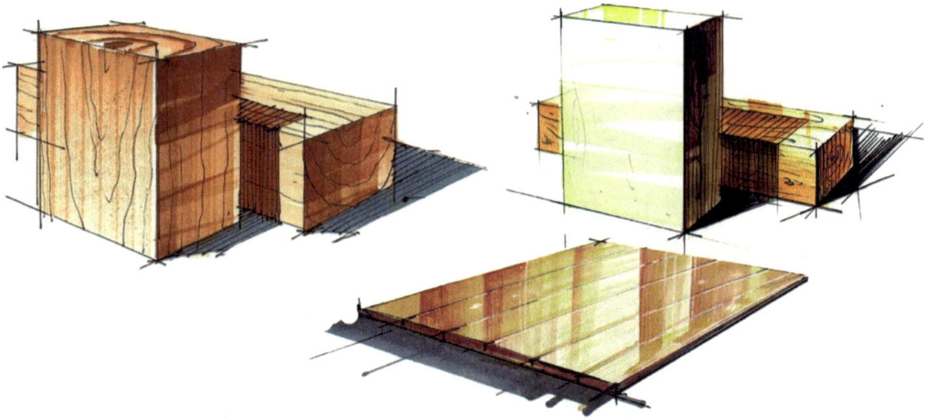

图4-6 木纹的表现

图4-7 床的表现

（二）装饰类

装饰品也称作摆设，能够展现居住者的审美品位和文化素养，在室内环境中的主要作用是加强室内空间的视觉效果，起着画龙点睛的重要作用。装饰品能够丰富空间层次，提升室内的艺术氛围，在手绘中要注意它们的布局和与整体风格的协调性。在刻画方面，有的应该抽象概括，有的则需要细腻丰富，但是不能过多地进行刻画，以免喧宾夺主，色彩上可以相对艳丽一些。

图4-8 装饰画

图4-9 花瓶 / 邓蒲兵

图4-10 花瓶的表现

图4-11 装饰品的表现

图4-12 酒瓶的表现

（三）织物类

在日常生活中，织物出现的概率是非常高的，无论在客厅还是卧室，在公共空间还是家居空间，如床上的靠枕、客厅中的地毯、酒店大堂的壁毯和布艺窗帘等。织物可以调节室内色彩，补充室内图案不足，增加质感对比，完善使用功能，增添空间活力。虽然与家具相比织物只是作为配景出现，但是只要能表现出织物的质感，在效果图空间中往往能起到增强空间层次和反映设计风格的作用。在手绘表现时，靠枕要注意整体外形，凸显柔软感，可以适当地配合着使用马克笔和彩色铅笔；不同风格、材质的地毯可以通过地毯四周边缘的细节花纹来体现，有时不需要把地毯画完整，可以根据画面形式进行适当剪切；

窗帘的面积比较大，又处于空间比较醒目的位置，所以在表现时往往不宜画得过满，可以用线和色彩结合来画，要注意窗帘的褶皱、透光性和与整体风格的搭配，同时还需要把窗帘的垂坠感表现出来。

图4-13 抱枕

图4-14 窗帘

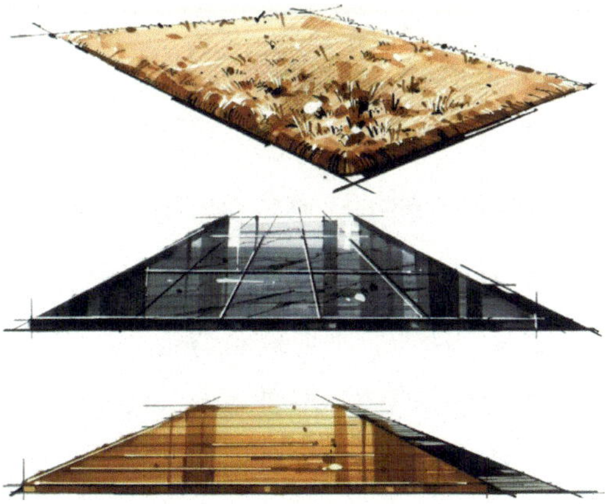

图4-15 地板的不同材质表现

（四）绿植类

在使用马克笔表现室内绿植时，通常会将其与室内环境的其他元素，如花瓶、家具、空间布局等进行结合表现，以营造出整体和谐统一的室内空间氛围。特别需要强调的是，绿植的单体线稿一定要过关，不要将希望寄托于上色，室内空间效果图中的绿植只是配景，上色始终只是辅助线稿的，所以说线稿的地位十分重要，某种程度上会左右着色的成败。

图4-16 绿植

二、室外景观要素

室外景观要素是室外空间美感和环境氛围的重要组成部分，不仅可以展示自然界的多样性，还可以通过其形态、色彩和布局来影响人们的心理感受和行为习惯。例如，在建筑设计中，一般建筑物是室外效果图表现的主体，但它不能孤立地存在，需要安置在协调的配景之中，这样才能使一幅建筑表现画完整且丰富。在景观设计中，配景为画面增添了更多的细节和元素，使得整个景观设计更加生动、有趣。配景能够充分表达画面的主题气氛和效果，合理的配景布置可以引导观者的视线流动，使画面更具动态感和节奏感，常见的配景有树木丛林、人物车辆、道路地面、花圃草坪、天空水面等。

（一）植物表现

植物是手绘效果图中常见的表现元素，在园林设计和景观设计中占有主导地位。室外的植物从其外部特性分类，可分为乔木、灌木、草本植物和藤本植物等，乔木一般比较高大，灌木则相对矮小，但它们在表现手法上基本一致。

图4-17 植物表现 / 汪建成

图4-18 树的表现

图4-19 草坪的表现

图4-20 室外植物表现

图4-21 根据环境色来表现树木 / 张枞

图4-22 树木与背景表现 / 张枞

植物是大自然环境的主要表现内容，人们对它有特殊的偏爱，它是美和富于生命力的象征。树木作为透视图的配景可以点缀、充实效果表现图的内容，但不应遮挡建筑物的主要部分。作为中景的树木，可在建筑物的两侧或前面出现。当出现在建筑物的前面时，应将树木布置在既不遮挡重点，又不影响建筑物的位置，同时还能起到增加空间感的作用。近景的树木为了不遮挡建筑物，同时由于透视的关系，一般只画树干和少量枝叶，起到框景的作用。

这里给大家介绍一个多元化的技法，就是我们在手绘时可以利用一些电脑技术辅助手绘练习或表达。这种技法不仅可以用在画树木或者其他元素时，还可以用于后期处理完整的效果图。随着社会的发展，电脑技术的介入不可避免，目前人工智能在图像生成和快速迭代的场景中表现尤为突出。因此，我们可以适当放宽设计表达的眼界，多元、综合的手绘表现形式会使手绘效果的阐释更加生动，同时还能够体现出设计表达多元化的价值取向。

图4-23 电脑手绘效果

图4-24 利用数位板表现树木 / 张枞

（二）天空表现

在建筑设计、景观设计和城市规划设计中，天空的表现是无法回避的，天空处理的好坏直接影响画面的效果。天空在表现方式上可采用写实的手法和概括的手法，对于天空所占画面比例较小的时候，还可以采用留白的手法去表现。天空的上色通常是绘制的最后一步，可以根据画面的构图来确定天空是否上色，以及上色的手法。在表现天空时，要依据景物的色调来确定天空是从上往下过渡，还是从下往上过渡。另外，晴朗的天空要以蔚蓝色出现，傍晚的天空（日落）要以粉紫色为主色调，夜晚的天空则是黑色中带有环境照明的色彩，大多数是灰色或灰蓝色的。在处理天空表现的时候，一定要注意整体感，不可过于“碎”，而破坏了画面的效果。

图4-25 天空表现

（三）**人物表现**

传统的人物绘画应该是各画种中最难表现的，但在手绘设计图中，人物主要是作为点缀和配景出现，是为了增加画面的生活气息和趣味性，相比来说表现得比较简单一些，更多侧重用人物的比例去对比凸显周围建筑物和环境的关系尺度。这就要求设计者对人体的比例、结构、动态有一定的了解和掌握，平时还要加强对人物动态的写生、速写，还可以运用临摹、默背等手段进行练习。

人物表现在于使其造型富于动态，其中衣服的用色及光线十分重要。在画人物时，人体的各部分之间存在着一定的比例关系，掌握好这个比例关系，是画好人物的关键。人物的动作不要过大，姿态要端庄稳重。需要注意的是，过多的单体人物会使画面零散、生硬，可以配合成群的人物组合烘托画面气氛。适当的人物添加可以使画面生辉，切忌像绘画那样刻画过多的人物细节，因为

图4-26 人物表现

会使画面烦琐，有主次颠倒之嫌。

对画远景人物而言，一般取站姿，用笔宜简练一些，在色彩和光影的处理上可以相对弱化，以突出画面的空间深度和层次感。应避免过于鲜艳或强烈的色彩对比，要使画面和谐统一。对画中景人物而言，色彩搭配既要与近景人物相协调，又要为远景人物做铺垫，要注意色彩的层次感和过渡效果。对画近景人物而言，要注重细节的表现，动态、衣服式样等都要比较清楚，明暗分明，笔触应精细，色彩过渡要自然，同时还要反映出各自的人物特征，可以适当搭配气球、宠物、交通工具等营造画面的生活气息。

（四）山石表现

在效果图中，石材具有坚硬、粗犷的质感，它们可以作为画面的背景或前景元素，增加画面的稳定性和厚重感。在手绘表现中，山石的表现需要注重其形态、纹理和质感的刻画。同时，对材料质感的表现关键在于对材料的色彩、纹理和反光程度的把握。常见的石材包括青石板、圆石、普通石头等，也可分为硬石材和软石材两种。硬石材以花岗岩为代表，质地坚硬，密度较大，多呈现斑点状。软石材以大理石为代表，质地较为松软，纹理变化丰富，多为云状。画石材时要注意整体感，不要画“花”，石材的边沿线要坚挺有力，要有高反差的明暗关系，要表现出石材的黑、白、灰等三个层次。石材的纹理要在画完底色后，在颜料未干的时候描绘，但不可过于深入刻画，只要能表现出石材的感觉即可。画鹅卵石时要注意疏密变化和体积感，不能过于“圆”，要体

图4-27　石材的表现

图4-28 石头的表现

图4-29 石头与水景的表现

会方中求圆的感觉。

山石作为景观的一部分，其色彩表现需要与周围环境相协调。例如，在表现山水景观时，山石的颜色应与水的颜色、天空的颜色等相协调，以营造出整体的和谐氛围。山石的色彩往往丰富多变，应避免使用过于单一的色彩来表现山石，以免画面显得单调乏味。在表现山石时，不仅要关注整体色彩和明暗关系，还要注重细节的表现，如山石上的裂纹、孔洞等细节元素可以通过精细的笔触和色彩叠加来呈现。想要表现出山石的纹理和质感，可以通过叠加不同颜色和深浅的笔触，从而增加山石的层次感和真实感。山石还可以和水景组合使画面更加生动，更具有浓烈的自然气息。

（五）水景表现

水的形态是不断变化的，平静的水面和流动的水面是不同的，平静水面中的倒影较为完整，流动水面或有风浪的水面的倒影是断断续续的。水景的基本设计形式有自然界中的江河、湖泊、瀑布、溪流和涌泉等自然水景。水景能够丰富画面内容，增添画面的生动性和真实感。

水景表现有平静的、流动的、跌落的和喷涌的等四种基本形式。平静的水景一般包括湖泊、水池、水塘等，表现时可用细长的笔触轻轻描绘出细微的波纹，以增强水面的质感。流动的水景包括溪流、水坡、水道等。跌落的水景有瀑布、水帘、叠水、水墙等，表现时可适当添加一些飞溅的水花效果，用点状笔触或短线来表现水花的轻盈和活力。喷涌的水景包括喷泉、涌泉等。水景通常不是孤立存在的，需要与其他室外配景，如植物、山石、建筑等进行有机融合。

水景在同一画面中往往不止一种表现，可以以一种表现为主，其他表现为辅，也可以几种表现相结合。另外，水景的四种基本形式反映了水从源头（喷涌）到过渡（流动或跌落）再到终止（平静）的过程，在水景设计中可以利用这个运动过程创造水景系列，形成不同形式的水与环境融为一体。

图4-30 水景表现

（六）汽车表现

汽车作为现代交通工具的代表，其流线型的外观和富有科技感的设计能够瞬间提升画面的现代感，使效果图呈现强烈的时代气息。通过汽车的绘制，可以巧妙地表现出画面的空间关系和透视效果。近景的汽车可以绘制得详细些，而远景的汽车则可以适当简化，以突出画面的层次感。汽车一般只画中景和较近的中景，很少画近景，远景的汽车则可以适当减弱明暗对比和色彩变化，以融入背景之中。由于汽车的透视一般较难，初学者可以使用铅笔或淡色马克笔轻轻勾勒出汽车的轮廓线，注意线条要流畅自然，不要过于生硬。

在室外表现图中，汽车往往作为参照物或调节画面气氛，其表现手法无须像产品设计中那样表现得完整、严谨，而是把主要的造型及结构表现出来即可，线条要流畅有力，如果添加几笔阴影，则更可增加汽车的速度感。画汽车的难点在于角度的变化及行进感，所以一定要注意比例和透视方向。此外，要注意汽车的尺度和透视必须与其所在的空间及空间环境的尺度和透视相一致，不管汽车在什么位置，尺寸都必须和人在相同位置呈一定的比例。画汽车时一般画小轿车，其形体是两个长方体叠加在一起。但表现不同建筑环境中的汽车，在车型和色彩方面应有所区别。例如，广场、街道前应多画一些小轿车和公共汽车；码头、厂房前就要多画一些载重货车。除了画形体外，还要画车窗和车中人物，再就是画车轮、保险杠、车灯、牌照及反光镜等，最后画较深的投影。

图4-31 汽车表现

总之，上述配景在室外表现图中主要起到显示建筑物的尺寸、增强画面气氛、提升画面品质、丰富视觉层次、营造空间氛围的作用。通过树木、水景、山石、建筑等多样化的配景元素，再利用配景本身的透视变化及虚实、冷暖，不仅能够展现环境的多样性和复杂性，加强画面的层次感和纵深感，还能深刻表达设计背后的理念与创作情感。

第二节 空间组合表现技巧

一、室内陈设组合

除了掌握单体要素表现技巧外，在效果图中还应有一些元素组合。组合场景也是一个小空间，可以作为设计过程中的辅助工具，帮助设计者进行方案比较和决策。所以在练习的过程中，要把单体要素通过空间组合一个个串联起来，将单体要素运用到空间组合之中。例如，在练习单体沙发时，可以加入茶几、地毯、花瓶和墙面上的字画等其他元素，这样整个环境就可以相互融合起

图4-32 卧室空间组合 / 陈红卫

来，可以更好地突出生活气息。上色时要注意物体颜色的搭配，颜色不宜过于丰富，要注意装饰的整体性。

图4-33 家具的组合

图4-34 室内空间组合

二、室外景观组合

在练习植物景观组合时，可以把不同的植物结合起来，形成植物设计的配比组合，这样有利于凸显空间效果。灌木、乔木和攀爬类植物的合理搭配，再加上山石、水景、人物等其他元素，这样就更能丰富景观的层次感，增强画面的真实感。可以将建筑与环境景观相结合，通过手绘表现建筑的形态、材质和光影效果，同时融入周围的自然景观元素，如树木、花草、山石等，这种组合方式能够突出建筑与环境之间的和谐共生关系。这些空间组合不仅能够帮助设计师直观地展示设计理念，还能通过丰富的色彩和细腻的笔触生动表现出室外景观的独特魅力。

图4-35 景观组合表现

图4-36 景观空间表现 / 苗长银

图4-37 景观空间表现 / 陈红卫

因此，不论在练习单体元素还是空间组合时，初学者在选择色彩时都不要想当然，可以制作色卡来辅助进行配色上色，还可以通过临摹优秀作品或实际观察来搭配组合的颜色。优秀作品在表现方面不仅有艺术的概括和提炼，还具有重点刻画和深入处理的优点，缺乏深入性的作品必然流于空洞肤浅且不耐看。深入刻画的本意是将主题的细节处理最大限度地揭示出来，使画面效果精致而丰富，并具有可信的真实感与画面感，但要把握好深入的分寸，以免画僵画腻，从而破坏了整体效果。

第五章
空间效果图
步骤解析

第一节 室内空间表现

一、咖啡厅休闲空间手绘效果图

（一）设计背景与要求

本次设计任务旨在打造一个现代化的咖啡厅休闲主题空间，通过效果图形式展现其设计理念、空间布局、色彩搭配、材质运用及氛围营造。

（二）设计要点

第一，空间布局。设计需考虑空间的流动性与私密性，通过巧妙的隔断、静谧的休憩区，以及科技感十足的产品展示区等布局，营造出既开放包容又私密舒适的休闲环境。手绘中需清晰展现各功能区之间的过渡与联系。

第二，色彩与材质。色彩上，可以自然木质色调为主，辅以淡雅的青灰、米白等色彩，营造出温馨而宁静的氛围。材质上，可选用天然木材、竹材、石材及环保玻璃等，体现自然与生态的设计理念。手绘中需细致描绘材质的质感与光影效果。

第三，氛围营造。通过灯光设计、背景音乐、香氛系统等多种手段，营造出一个既宁静又生动的休闲氛围。手绘中需通过光影变化和氛围线的描绘，传达出空间的情感与温度。

（三）提交要求

要求提交A3或A2尺寸的手绘效果图。

（四）绘制步骤

第一，使用HB铅笔轻轻地在绘图纸上勾勒出咖啡厅的大致轮廓，包括墙面、窗户、天花板、家具等的基本形状和位置。这一阶段不需要过于精细，主要是确定整体构图。

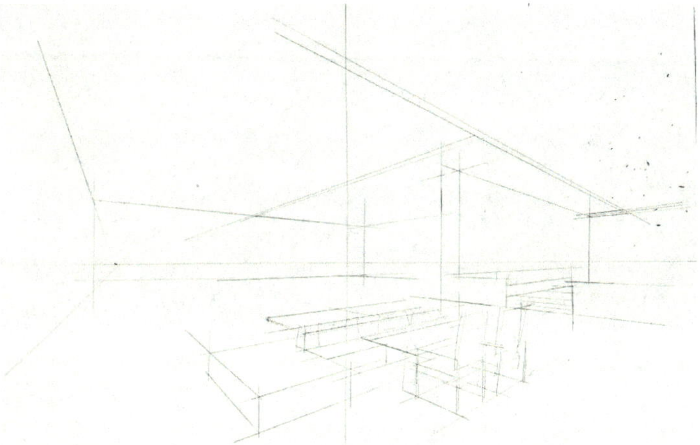

图5-1 步骤一

第二，换用2B或颜色更深的铅笔，开始细化各个部分的结构，如座位区的布局（桌椅排列、沙发位置等）、绿植的摆放等。注意保持线条的流畅性和透视关系的准确性。

图5-2 步骤二

第三，进一步添加细节，如墙上的装饰画、书架上的书籍、桌面上的小物件等。这些细节能够丰富画面内容，提升真实感。

图5-3 步骤三

第四，进行深入刻画，将主体物周边的场景元素刻画出来，使用橡皮擦轻轻擦去多余的线条和痕迹，使画面更加干净整洁，同时检查并修正透视错误或比例不协调的地方。

图5-4 步骤四

第五，根据主题和氛围，选择合适的色彩搭配。首先给咖啡厅内的家具（桌椅、沙发、吧台等）和装饰物（绿植、灯具、挂画等）上色，要注意色彩之间的搭配和对比，以及光影效果的表现。接着给咖啡厅的背景（墙面、天花板、地板等）上色，要注意保持色彩的均匀和渐变效果，以营造出空间感和层次感。整体色彩完成后，再回到细节部分进行强化。加深阴影部分的颜色，提亮高光部分，使物体看起来更加立体和生动。最后检查整个画面，确保没有遗漏或错误的地方。如果有需要，可以进行局部的调整和优化，使画面更加完美。

图5-5 效果图完整设计稿 / 邓文杰

二、现代展示空间手绘效果图

（一）设计背景与要求

随着现代社会的快速发展，展示空间作为信息传递、文化交流与艺术展示的重要平台，其设计日益受到重视。手绘效果图作为展示空间设计过程中的重要环节，不仅能够直观地表达设计师的创意构思，还能为施工提供精确的指导。

（二）设计要点

第一，空间透视准确。展示空间手绘效果图需严格遵循透视规律，确保空间透视准确。一点透视、两点透视等透视方法应根据具体空间特点灵活运用，以准确表现空间的深度和立体感。

第二，空间布局合理。设计时需充分考虑展示空间的功能需求和流线组织，合理布置展品、展板、休息区等元素，确保空间布局既满足使用需求又富有艺术美感。

第三，色彩搭配和谐。根据展示空间的主题和氛围选择合适的色彩搭配方案，选择色彩时应注意对比与和谐的平衡，既要突出主题又要避免过于刺眼或单调。

第四，细节表现丰富。要注重细节的表现，包括材质质感、光影效果、装饰品等元素的精细描绘，这样才能使效果图更加真实、生动。

第五，创意构思独特。充分发挥创意想象力，通过独特的构思和表现形式来展现展示空间的艺术魅力。

第六，符合设计规范。符合相关的设计规范和要求，如尺寸比例、标注方式等，确保设计方案的可行性和实用性，为后续施工提供准确的指导。

（三）提交要求

要求提交A3或A2尺寸的手绘效果图。

（四）绘制步骤

第一，在绘图纸上简单勾勒出空间布局，包括墙面、门窗、通道、展示区域等的初步位置。根据展示内容的需求，划分出不同的功能区域，如入口区、核心展示区、互动体验区、休息区等。

图5-6 步骤一

第二，在草稿的基础上，使用铅笔或细针管笔细致描绘出空间的轮廓、结构线、细节装饰等。

图5-7 步骤二

第三，确保所有元素的大小比例、空间关系准确无误，保持整体的协调性和真实性。在物体的阴影部分及转角部分进行卡黑处理，突出光影变化。

图5-8 步骤三

第四，根据设计主题和文化氛围，选择合适的色彩方案进行上色。选择灰色的背景，用黄色来进行画面对比，突出画面主题物，注意色彩搭配的和谐与对比。通过明暗对比、色彩渐变等手法表现空间的光影效果，增强立体感和层次感。利用不同的笔触和色彩层次模拟不同材质的质感，如木材的纹理、金属的光泽、布料的柔软等。最后检查整个画面，调整整体的色彩关系，确保画面统一协调。

图5-9 效果图完整设计稿 / 邓文杰

第二节 室外景观表现

一、售楼处室外景观空间设计

（一）设计背景与要求

随着房地产市场的快速发展和住房商品化进程的推进，售楼处作为楼盘销售的重要窗口，其设计和布局越来越受到重视。售楼处不仅是展示楼盘形象和销售信息的地方，更是客户对楼盘形成第一印象的关键场所。售楼处室外景观空间作为售楼处的重要组成部分，其设计质量直接影响到客户对楼盘的整体感受和评价。

（二）设计要求

第一，展示性。售楼处室外景观空间是楼盘形象的重要展示窗口，要精心设计景观元素和布局，使客户在参观的过程中能够充分感受到楼盘的魅力和品质。

第二，功能性。需充分考虑售楼处的功能性需求，如人流导向、停车需求、休息区域等。通过合理的布局和设施配置，为客户提供便捷、舒适的参观体验。

第三，生态性。需注重生态性原则，采用绿色环保的材料和技术，打造可持续发展的生态环境。通过种植多样化的植物、设置生态水池等方式，增加景观的绿量和生态效益。

第四，人文性。需融入人文元素，体现楼盘的文化内涵和地域特色。通过雕塑、文化墙等景观元素，展现楼盘的文化底蕴和人文精神。

第五，艺术性。通过独特的造型、色彩搭配和光影效果，营造出具有艺术感染力的景观空间。同时，应注重景观与建筑的协调统一，形成和谐美观的整体效果。

（三）提交要求

要求提交A3或A2尺寸的手绘效果图。

（四）绘制步骤

第一，在绘图纸上初步绘制出景观空间的草图，包括主要景观元素的位置、大小、形状等。要注意草图的比例尺度和透视关系，确保整体布局的合理性。

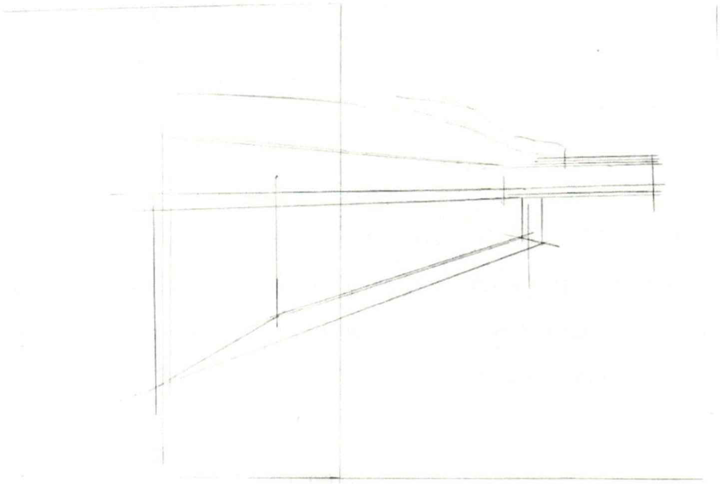

图5-10 步骤一

第二，在草图的基础上，使用铅笔或细针管笔精确绘制出建筑及景观空间的线稿。要注意线条的流畅性和准确性，确保每个景观元素的轮廓清晰可辨。

图5-11 步骤二

第三，细化景观元素的细节，如植物的枝叶、水体的波纹、雕塑的纹理等。要强调建筑景观空间的层次感和立体感，通过线条的粗细、疏密变化来表现。

图5-12 步骤三

第四，根据设计风格和景观元素的特点，选择合适的色彩进行上色。要注意色彩搭配的和谐与对比，以突出景观空间的重点和特色。先从背景或大面积区域开始上色，逐渐过渡到前景和细节部分。

图5-13 步骤四

第五，注意光源的方向和强度，合理布置明暗关系，使景观元素更加生动逼真。要细致刻画景观的前景水域和植物搭配，注意建筑元素上色与整体风格的协调统一，避免过于突兀或烦琐。

图5-14 步骤五

第六，通过色彩、光影、线条等手法营造特定的氛围和情感基调。要在画面中添加部分对比色和环境色，强化主体物，同时强调景观空间的文化内涵和地域特色，增加画面层次感，使画面更具感染力和吸引力。

图5-15 效果图完整设计稿 / 邓文杰

二、室外儿童游乐主题空间设计

（一）设计背景与要求

随着城市化进程的加快，儿童与自然环境的接触日益减少，而儿童时期的户外探索与游戏体验对其身心健康发展至关重要。因此，设计一个既富有自然元素又充满趣味性的室外儿童游乐主题空间显得尤为重要。本项目旨在打造一个现代生态型的游乐空间，让儿童在亲近自然的同时享受探索与游戏的乐趣，促进他们的想象力、创造力和社交能力的发展。

（二）设计要点

第一，功能布局。设置入口区、探险区、互动区、自然观察区、休息交流区等功能区。

第二，安全考量。所有游乐设施需符合儿童安全标准，地面采用软质材料铺设，确保儿童在玩耍过程中的安全。

第三，环保理念。使用可再生材料，设置雨水收集系统和太阳能照明，减少对环境的影响。

（三）提交要求

要求提交A3或A2尺寸的手绘快题设计稿。

（四）绘制步骤

第一，使用HB铅笔在绘图纸上轻轻画出整个游乐空间的外轮廓，包括边界、主要道路和游乐设施的位置。这一阶段不需要过于精细，主要是确定整体构图和比例关系。

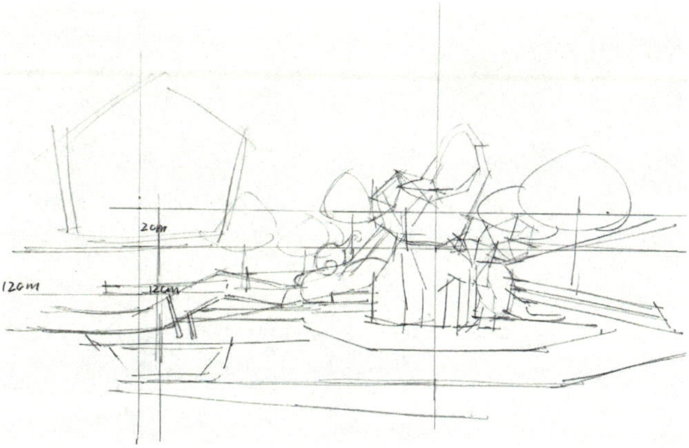

图5-16 步骤一

第二，换用2B铅笔，开始细化各个区域的结构。首先绘制出树木、灌木丛等自然元素，注意树木的枝干形态和树冠的层次感。接着绘制出游乐设施的具体形状，如攀爬网的网格、滑梯的滑道、秋千的支架等。最后绘制出小路、花坛、座椅等辅助设施。

图5-17 步骤二

第三，进一步添加细节元素，如树木上的叶子、花朵、果实，游乐设施上的装饰图案，以及地面上的草坪、石子路等。这些细节能够丰富画面内容，使游乐空间更加生动真实。使用橡皮擦轻轻擦去多余的线条和痕迹，使画面更加干净整洁，同时检查并修正透视错误或比例不协调的地方，确保整体构图的准确性和协调性。

图5-18 步骤三

第四，根据生态型儿童游乐场的主题，规划出整体的色彩基调。给游乐设施上色时，要注意保持色彩的鲜艳和活泼。攀爬网、滑梯等可以用明亮的黄色、蓝色等颜色，吸引儿童的注意力。秋千、座椅等则可以用较为柔和的颜色，营造舒适的环境。可以选择绿色、棕色等自然色调作为主色调，再搭配黄色、蓝色等鲜艳色彩作为点缀，营造出清新、活泼的氛围。

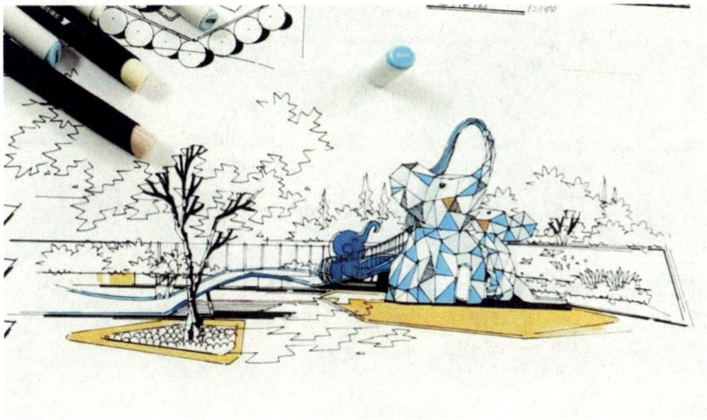

图5-19 步骤四

第五，使用淡蓝色等颜色描绘主体物，营造出宁静而梦幻的感觉。远处的设施、植被可以用淡灰色或淡蓝色轻轻勾勒。接着给树木、灌木丛等自然元素上色，可以用不同深浅的绿色系和冷暖色调来表现树叶的层次感和光影效果，树干部分可以用棕色或深灰色描绘，增加立体感。

图5-20 步骤五

第六，整体色彩完成后，再回到细节部分进行强化。加深阴影部分的颜色，提亮高光部分，使物体看起来更加立体和生动。同时，可以在草地上添加人物阴影等元素，增加画面的趣味性和丰富性。最后检查整个画面，确保没有遗漏或错误的地方。如果有需要，可以进行局部的调整和优化，如调整色彩平衡、加强对比度等，使画面更加完美。

图5-21 效果图完整设计稿 / 杨志丹

第三节 快题设计表现

一、现代书吧空间快题设计

（一）设计背景与要求

在快节奏的都市生活中，人们越来越渴望找到一片宁静的角落，以书为伴，享受片刻的慢时光。书吧作为集阅读、休闲、文化交流于一体的空间，已成为都市人心灵的避风港。本设计旨在打造一处既符合现代审美，又充满文化底蕴的书吧空间。

（二）设计要点

第一，空间布局。功能分区明确，合理划分阅读区、休闲交流区、特色展示区（新书推荐、文创产品等）、小型活动区（读书会、签售会等）等。

第二，动线流畅。确保顾客在书吧内移动时既能轻松到达各个区域，又能避免相互干扰，保持整体空间的和谐与宁静。

第三，灵活性。考虑到不同时间段和活动的需求，设计应具备一定的空间灵活性，如可移动的隔断、多功能家具等。

第四，氛围营造。利用柔和而富有层次感的灯光，营造温馨舒适的阅读环境。

第五，环保与可持续性。使用环保材料进行装修，如再生木材、竹材等。

（三）提交要求

要求提交A3或A2尺寸的手绘快题设计稿。

（四）绘制步骤

第一，画面定位。在选定的视角基础上进行构图规划，通过运用三分法、黄金分割等构图原则，合理安排画面中的各个元素，确保画面平衡、和谐且具有视觉冲击力。同时，确定视觉中心点，即画面中最引人注目的部分，通常是书吧的核心区域或特色元素。

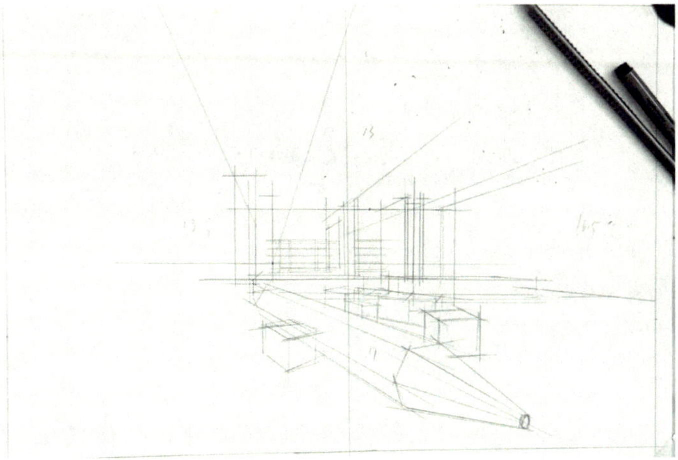

图5-22 步骤一

第二，轮廓勾勒。使用HB铅笔轻轻勾勒出书吧的整体轮廓，包括墙面、天花板、地面及主要家具（书架、桌椅、沙发等）的基本形状。注意保持线条的流畅性和准确性。

图5-23 步骤二

第三，细节刻画。进一步细化线稿，明确各区域的划分和家具的具体形态。例如，可以在书架部分绘制出不同层板的分隔和书籍的摆放方式，可以添加一些装饰元素，如挂画、灯具等，以丰富空间层次。

图5-24 步骤三

第四，光影处理。利用线条的粗细和深浅变化，初步表现空间的光影效果。例如，在窗户附近绘制出光线照射进来的方向和范围，以及物体在光线下的投影。完成线稿后，仔细检查画面中的比例、透视和细节是否准确，并进行必要的调整。

图5-25 步骤四

第五，色彩选择。根据书吧的主题和氛围，选择合适的色彩搭配。例如，对于温馨舒适的书吧，可以选择暖色调（米白、浅灰、木色等）作为主色调；对于现代科技感强的书吧，则可以选择冷色调（黄橙、银灰等）并融入金属质感。

图5-26 步骤五

第六，背景色。首先为墙面、天花板和地面铺上基础色，营造出整体的空间氛围。接着为书架、桌椅、沙发等家具上色，注意保持色彩与整体风格的协调。最后为绿植、灯具等装饰元素上色，增加画面的生动性和趣味性。同时利用色彩深浅的变化，加强光影效果的表现。在上色的过程中，注意保持色彩的均匀性和过渡的自然性。此外，还需要对一些关键细节（书籍的封面、灯具的发光效果等）进行精细处理，以增强画面的真实感和立体感。

图5-27 步骤六

第七，最终呈现。根据效果图完善平立面上色，保证画面的完整性。将完成的手绘作品进行整理和装裱，确保画面整洁、美观。同时，可以在作品下方附上设计说明或设计理念的文字说明，以便更好地传达设计思路和意图。

图5-28 快题完整设计稿 / 邓文杰

第四节 常见错误案例分析

一、案例一

第一，线条不流畅。手绘时线条生硬、断断续续，缺乏自然流畅的感觉。

第二，笔法单调。整幅画面使用单一的笔法进行绘制，缺乏变化和层次感。

第三，造型不准确。室内物体的造型轮廓绘制不准确，导致手绘作品无法真实反映设计方案的细节和特征。

第四，缺少光影变化。没有充分表达出物体的投影关系，画面不够立体且存在一定的透视问题。

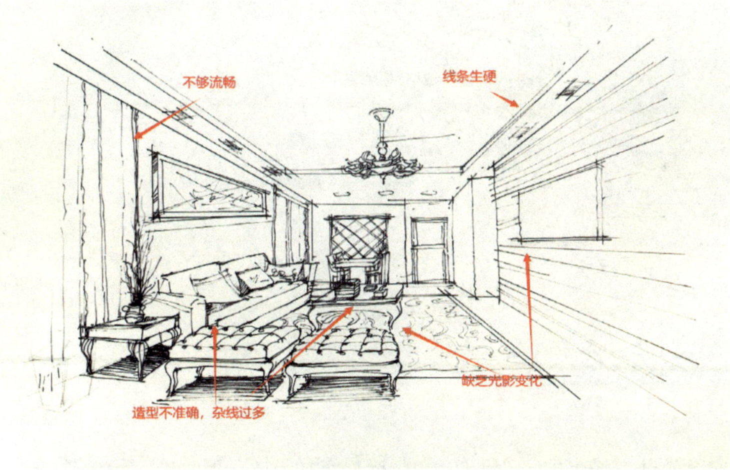

图5-29 学生作品（案例一）

二、案例二

第一，画面偏灰。整体色调较为统一，且缺少亮色，画面主体物表达不清晰，色彩表现较为单调。

第二，忽视材质差异。客厅中常见的材质包括木质、布艺、金属、玻璃等，每种材质都有其独特的色彩和质感表现。在手绘上色时，如果忽视这些材质的差异，可能会导致材质质感表现不准确，影响整体空间感的营造。

第三，光泽度处理不当。特别是对于金属、玻璃等具有光泽度的材质，手绘上色时需要特别注意其反光和折射效果的表现。如果处理不当，可能会使这些材质看起来过于平淡无奇，缺乏真实感。

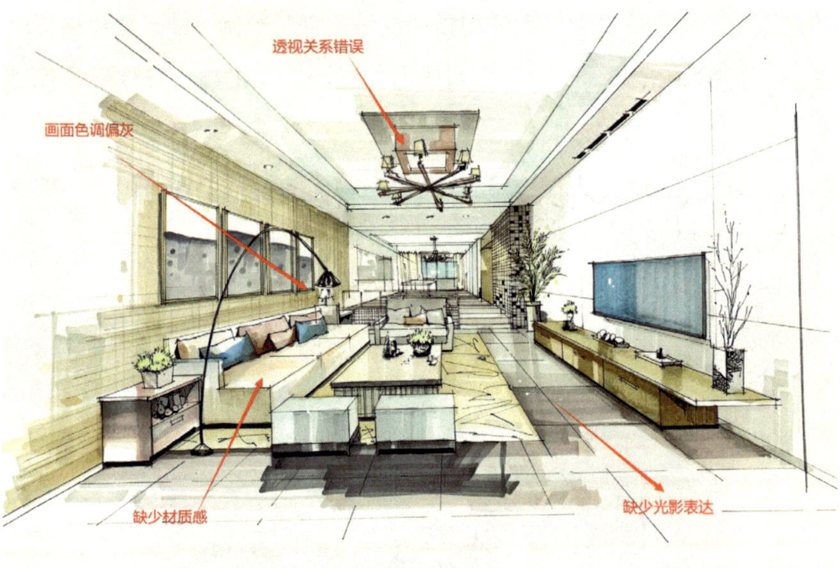

图5-30 学生作品（案例二）

三、案例三

第一，色调不统一。客厅作为家庭活动的中心区域，其色彩选择应体现温馨、舒适的氛围。然而在实际手绘上色中，可能会出现色调不统一的情况，如冷暖色调混杂，导致客厅空间显得杂乱无章，缺乏整体感。

第二，色彩过于突兀。在客厅的特定区域（墙面、家具或装饰品等）使用过于鲜艳或突兀的颜色，可能会打破整体的和谐氛围，使空间显得不和谐或刺眼。

第三，物体形态、材质表现较弱。材质之间的差异感和物体形态不一致，刻画沙发、抱枕等物体时没有充分表达到位。

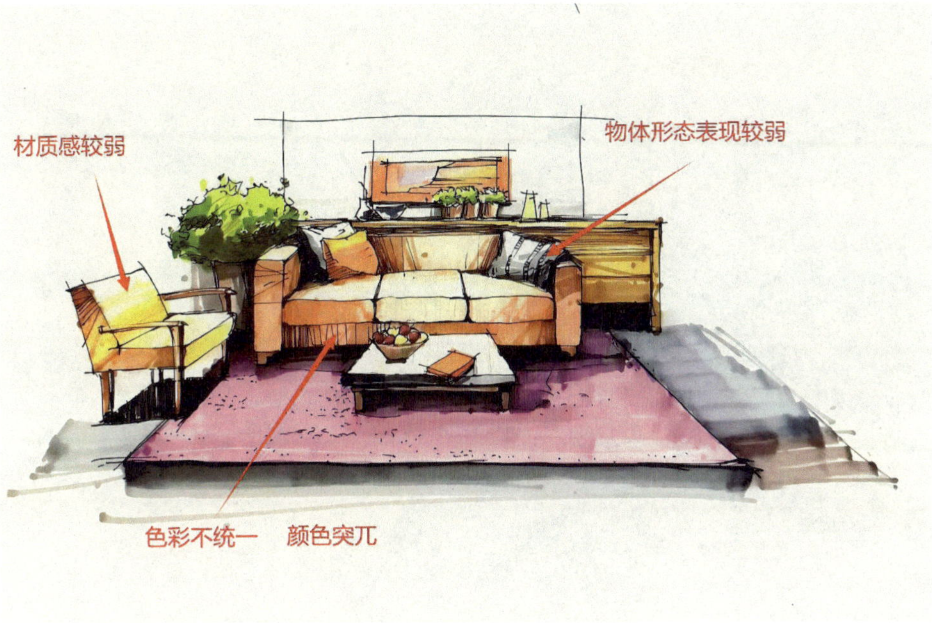

图5-31 学生作品（案例三）

四、案例四

第一，光源位置不明确。客厅的光源通常来自天花板吊灯、壁灯、台灯等，在手绘上色时，需要明确光源的位置和照射方向，以便准确表现光影效果。如果光源位置不明确或处理不当，可能会导致出现阴影形状不合理、光线分布不均等问题。

第二，光影过渡不自然。在表现光影效果时，需要注意光影之间的过渡和融合。如果过渡不自然或过于生硬，可能会使画面看起来不真实或缺乏层次感。

第三，上色笔触粗糙。在使用马克笔平涂的时候不够仔细，过于追求速度，画面不够协调，笔触过于潦草。学生在使用马克笔时可能没有注意色彩搭配和调和，导致画面色彩浑浊。此外，马克笔叠加次数过多也可能使画面色彩沉闷。

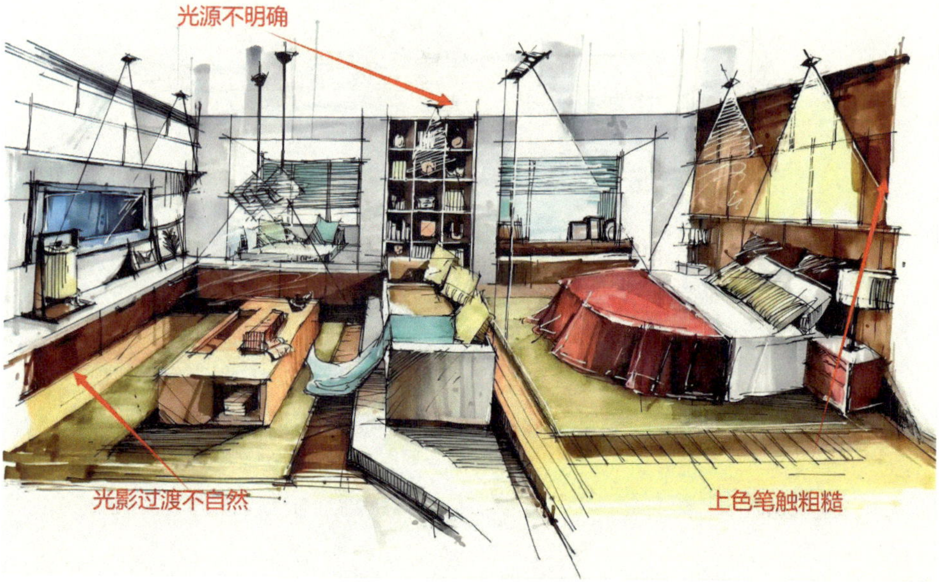

图5-32 学生作品（案例四）

五、案例五

第一，缺少纹理质感。对水的刻画过于简单，未能表现出水的动态性和纹理感。

第二，缺少光感。缺乏立体感和层次感，学生在绘制的过程中未注意光影的表现，包括树木、道路、草坪等的阴影方向和颜色变化，画面因此显得平淡无奇。

第三，植物过渡生硬。对于植物的刻画不够精致，尤其是前景植物，占据了画面的主要位置，需要仔细刻画。此外，上色时颜色的过渡要自然协调，不要出现明显的过渡痕迹，避免笔触过于细碎。

第四，细节缺失。细节是设计的重要组成部分，如果手绘表现中缺少细节处理，画面就会显得空洞无力。学生需要仔细观察景观的细节设计，并在手绘中加以表现。

图5-33 学生作品（案例五）

第五节 优秀学生作品

图5-34 优秀学生作品

图5-35 优秀学生作品

图5-36 优秀学生作品

图5-37 优秀学生作品

图5-38 优秀学生作品

静
山
幽
庐
图例注释
1.主入口
2.阳光草坪
3.主体建筑
4.观景水体
5.休闲廊架
6.汀步
7.休闲坐廊
8.休闲广场
9.乡土绿植
主入口
30000
庭院平面图 1:200
分析图
功能分析
流线分析
节点分析
主要流线
次要流线
主体建筑
前景树
休闲坐廊
30000
庭院立面图 1:250
设计说明：
该设计为500平的庭院设计方案，
在此设计中体现了"仁者乐山"的理念，
庭院中布满了山石、水体、绿植，给原本
静寂的庭院增添了一抹生机，透
露出丝丝弹意，别致而安逸，
寂寥而平和。应用中式山水
的元素和意向相结合，
打造出一个令人宜居
宜憩、宜情的场所
空间。

图5-39 优秀学生作品

第六章
作品赏析

图6-1 钢笔风景画 / Nikita Busyak

图6-2 建筑表现，自来水笔 / Rod Henmi

图6-3 室内主卧空间表现，水彩 / 张枞

图6-4 卧室效果图，马克笔 / 苗长银

图6-5 铅笔速写 / Victor Beltran

图6-6 插图，马克笔、彩铅 / Michael E.Doyle

图6-7 室外写生线稿 / 汪建成

图6-8 室外写生效果图，马克笔 / 汪建成

图6-9　黄鹤楼写生线稿 / 汪建成

图6-10　黄鹤楼写生效果图，马克笔 / 汪建成

图6-11 建筑淡彩表现 / 张枞

图6-12 建筑效果水彩表现 / 张枞

图6-13 建筑装饰画 / 陈新生

图6-14 现代建筑表现，钢笔、水墨 / 陈新生

图6-15 水彩风景画 / Grahame Booth

图6-16 水彩建筑风景 / Karen Mai

图6-17 室内效果图表现 / 张枞

图6-18 建筑速写 / 张枞

图6-19 景观立面表现，炭笔、水彩 / 张枞

图6-20 景观立面表现 / 张枞

图6-21 建筑立面表现 / 张枞

图6-22 景观立面表现 / 张枞

图6-23 建筑入口效果表现 / 张枞

图6-24 流水别墅 / 赖特

图6-25 建筑速写 / 费利乌

图6-26 建筑水粉表现 / 张枞

图6-27 建筑线形彩铅表现 / 张枞

图6-28 建筑线形表现 / 张枞

图6-29 石头景观表现 / 张枞

图6-30 石头景观表现 / 张枞

图6-31 建筑风景线稿 / 汪建成

图6-32 建筑风景效果图，马克笔 / 汪建成

图6-33 室内餐厅效果图，马克笔 / 汪建成

图6-34 室内效果图，马克笔 / 汪建成

图6-35 建筑鸟瞰表现 / 张枞

图6-36 建筑外观表现 / 张枞

图6-37 室外景观表现，水彩 / 张枞

图6-38 日式景观效果表现 / 张枞

图6-39 客厅效果图，水彩 / 张枞

图6-40 室内水景观表现 / 张枞

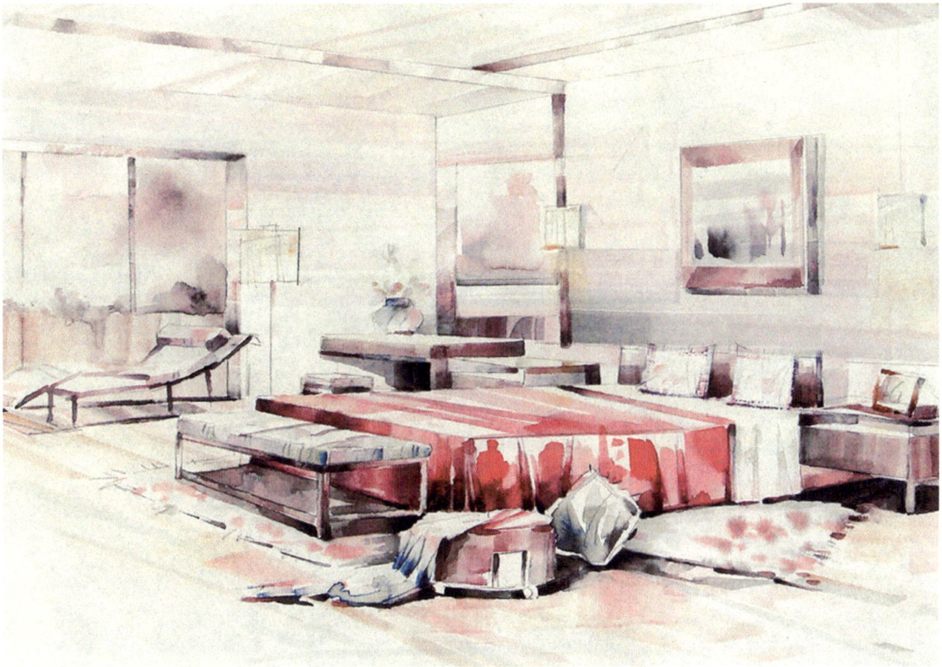

图6-41 室内卧室淡彩表现 / 张枞

图6-42 室内卧室表现 / 张枞

图6-43 园林景观效果图，马克笔 / 汪建成

图6-44 园林景观效果图，马克笔 / 汪建成

图6-45 篁岭写生，马克笔 / 汪建成

图6-46 室内效果图，马克笔 / 汪建成

图6-47 建筑景观线稿 / 汪建成

图6-48 建筑景观效果图，马克笔 / 汪建成

图6-49 室外景观效果图，马克笔 / 汪建成

图6-50 建筑外观效果图，马克笔 / 汪建成

图6-51 买手店快题设计 / 邹琪

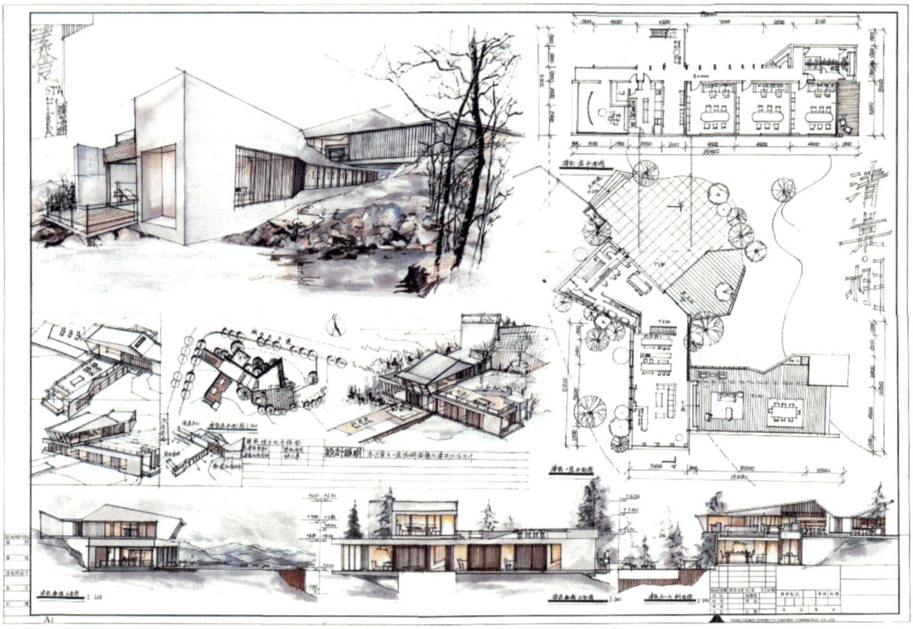

图6-52 快题设计/魏军

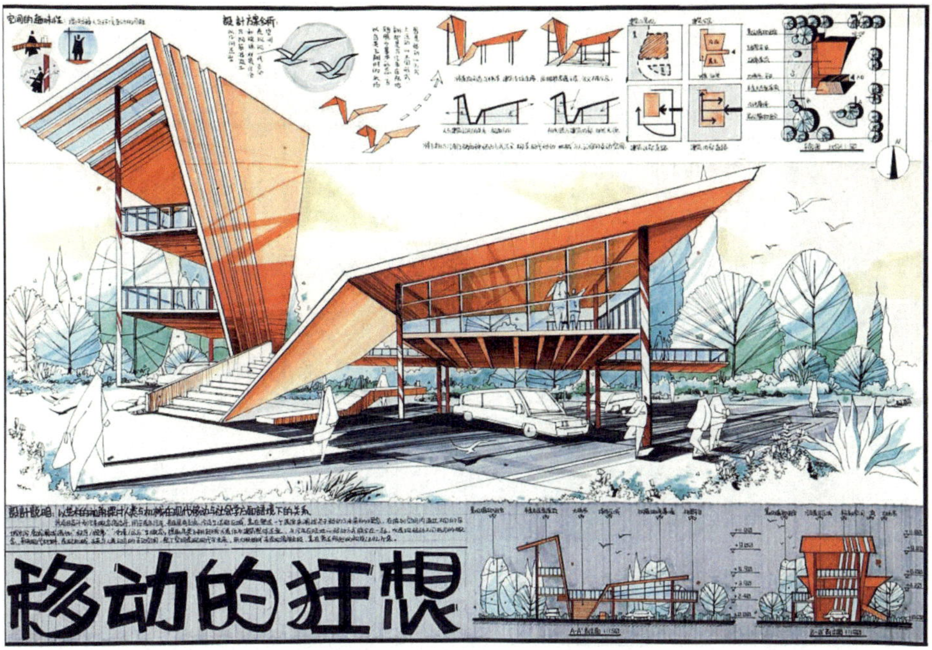

图6-53 快题设计 / 邓文杰

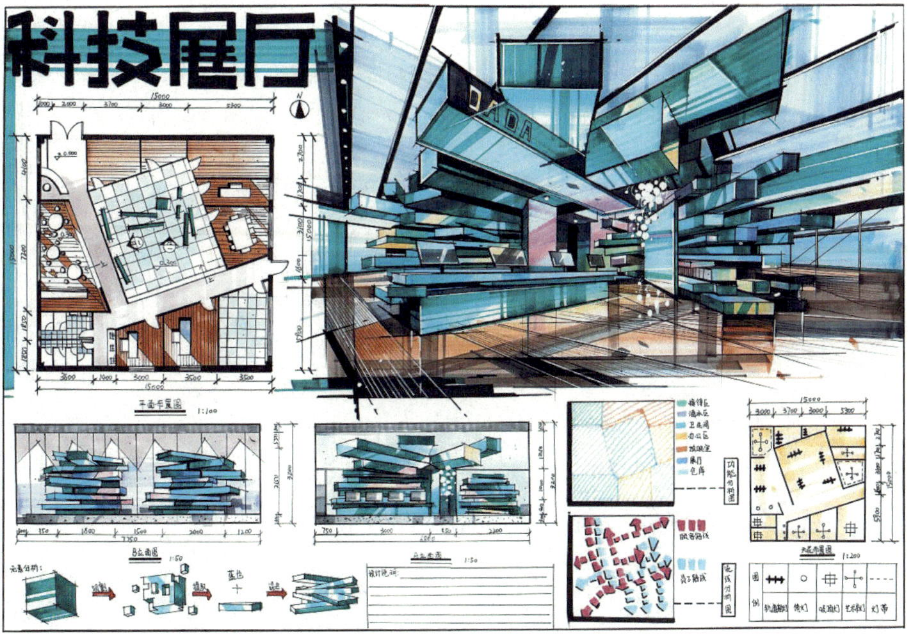

图6-54 科技展厅快题设计 / 邓文杰

主要参考文献

[1] 刘宇.室内外手绘效果图［M］.沈阳：辽宁美术出版社，2008.

[2] 陈红卫.陈红卫手绘表现技法［M］.上海：东华大学出版社，2018.

[3] 邓蒲兵.景观设计手绘表现［M］.上海：东华大学出版社，2023.

[4] 陈新生.建筑速写技法［M］.北京：清华大学出版社，2005.

[5] 曾添.室内设计手绘技法与快题表现［M］.北京：人民邮电出版社，2017.

[6] 曲辛，张枞.环艺设计与表现技法［M］.沈阳：辽宁科学技术出版社，2012.